苹果 iOS6 开发

从入门到实战 睿峰科技 编

iOS开发必备
应用开发实战与案例

iOS 6
DEVELOPMENT-FROM
BASIS TO PRACTICE

睿峰科技官方网站：http://www.rimionline.com/
睿峰培训官方网站：http://www.rimiedu.com/

当代中国出版社
Contemporary China Publishing House

图书在版编目（CIP）数据

苹果iOS6开发从入门到实战 ／ 睿峰科技编. —— 北京 ：
当代中国出版社，2013.6
ISBN 978-7-5154-0278-9

Ⅰ．①苹… Ⅱ．①睿… Ⅲ．①移动电话机－应用程序
－程序设计－教材 Ⅳ．①TN929.53

中国版本图书馆CIP数据核字（2013）第127223号

苹果iOS6开发从入门到实战

出 版 人	周五一	
责任编辑	晋璧东	
出版发行	当代中国出版社	
地　　址	北京市地安门西大街旌勇里8号	
网　　址	http://www.ddzg.net 邮箱：ddzgcbs@sina.com	
邮政编码	100009	
编 辑 部	(010)66572154　66572264　66572132	
市 场 部	(010)66572281　66572155/56/57/58/59转	
印　　刷	深圳市源昌盛彩色印刷有限公司	
开　　本	787×1092　1/16	
印　　张	18.5	
字　　数	510千字	
版　　次	2013年6月第1版	
印　　次	2013年6月第1次印刷	
定　　价	88.00元	

内容简介

本书主要由四部分组成：C语言基础、Objective-C语言、cocoa框架、高级应用，可供不同基础的读者根据自身实际情况阅读和学习。这里的C语言基础主要讲解了在iOS开发过程中可能用到的C语言内容，同时作为iOS的开发入门，更容易让读者接受。如果有一定的C语言基础的读者，可以跳过这一部分，直接进行Objective-C的学习。Objective-C是iOS开发的主要语言，它是对C语言的一种扩展，比如单根继承（NSObject），@"字符串"等，是一种面向对象的编程语言。学习了前面的C语言基础就更容易理解和掌握Objective-C这部分内容。学习了编程语言之后，就可以正式开始iOS应用开发的学习啦，本书第三部分将为你介绍cocoa提供的一些框架，一些常用的控件、库、图形集等等，这部分是真正的iOS开发的核心，所以一定要好好阅读和练习。为了让读者能够开发一些质量和交互更好的应用，我们安排了第四部分内容，让读者的iOS开发水平得到更高层次进阶，掌握这部分内容以后，你将不再惧怕任何"变态"的设计和需求。

iOS概述

苹果iOS是由苹果公司开发的手持设备操作系统。苹果公司最早于2007年1月9日的Macworld大会上公布这个系统，最初是设计给iPhone使用的，后来陆续套用到iPod touch、iPad以及Apple TV等苹果产品上。iOS与苹果的Mac OS X操作系统一样，它也是以Darwin为基础的，因此同样属于类Unix的商业操作系统。原本这个系统名为iPhone OS，直到2010年6月7日WWDC大会上宣布改名为iOS。截止2011年11月，根据Canalys的数据显示，iOS已经占据了全球智能手机系统市场份额的30%，在美国的市场占有率为43%。2012年2月，应用总量达到552,247个，其中游戏应用最多，达到95,324个，比重为17.26%；书籍类以60,604个排在第二，比重为10.97%；娱乐应用排在第三，总量为56,998个，比重为10.32%。2012年6月，苹果公司在WWDC2012上宣布了iOS6，提供了超过200项新功能。2013年1月29日，苹果推出了iOS6.1正式版的更新。更新仍旧以完善iOS系统为主，对Siri、Passbook等进行了改善，修复了一些iOS6上存在的bug等。

关于本书

目前，市场上已经有大量的关于iOS的书籍，但质量良莠不齐，并且都存在着这样一个缺陷，即大多数书籍都是由外文书籍翻译而成的，而真正由中国的iOS开发人员自己写的书却如凤毛麟角。尤其是iOS6发布以后，关于iOS的介绍也很少见，正是在这样的背景下，本书的编者们为了让更多想学习iOS但又无从下手的爱好者们能够轻松愉快地学习，使更多的人加入到iOS开发行业，根据我们多年的开发经验，编写了本书。

本书中将会有大量的实践内容，计算机是一门实验科学，所以要随时准备着进行程序的编写，没有苹果系统可是很不方便的，因此可以是苹果电脑，也可以是PC机上装苹果系统，也可以使用虚拟机，在苹果系统下就可以安装开发工具Xcode，可以从苹果的官方网站下载或者是App store下载。也许你还不是很熟悉苹果系统和Xcode这个开发工具，这就需要你上网查询一些资料啦，包括如何装虚拟机，如何装苹果系统，都可以在网上找到答案，在这里就不做一一赘述。

为了让大家更好的学习，我们专门提供了与这本书的讲解配套的所有源代码，请读者前往www.rimiedu.com下载。

由于时间仓促，加之编者水平有限，本书的疏漏和错误之处在所难免，真诚希望广大读者和授课教师积极提出宝贵意见和建议，以便我们做进一步修订完善，谢谢。

序　言

　　2012年开始，移动互联行业呈爆炸式的增长，智能移动终端数量在中国已突破6亿，大量移动应用的出现在很大程度上改变了人们生活、沟通以及获取信息的方式。苹果在2012年推出了ipad mini，这款产品迅速成为销售增速最快的产品。究其原因，轻巧便携，体验良好，相对低廉的价格等等，都成为用户选择的原因。与此同时，企业级应用越来越被中国企业所接受，BYOD（Bring Your Own Device）已成为一种新的趋势，大型企业，如银行、保险、医院、物流等行业越来越多地把自己的业务搬到移动终端上来。行业移动应用的广泛出现，又从另一个层面将移动互联产业推向了一个全新的高度。

　　苹果iOS平台，由于其良好的体验，完善的生态体系，使其成为当下最流行的操作系统。由于苹果采用了良好的分账体系，使得iOS平台上的应用开发者能有良好的回报，大量优秀的应用得以在这个平台上出现和发展。在企业级市场，因架构完善、安全可控、成熟等特点，iOS已逐渐成为企业应用的首选平台。

　　2013年苹果iOS开发势必迎来新一波增长高峰，一方面苹果iphone、ipad等已有了庞大的市场基础，需要有更多的应用来满足人们多方面的需求；另一方面，越来越多的企业选用iOS设备来部署企业应用，众多企业建立起自己的应用市场，每个企业都对通过移动互联改变自己的商业模式有着自己的理解和方式，每个企业都需要开发适合自己的应用。因此，iOS开发需求在2013年出现井喷。

　　随着行业的深入发展，现在iOS开发不再局限于一些小型应用，更多地需要以ios设备特性为基础，开发一些互动体验良好、运行稳定、前后端密切协作的大型应用。尤其是企业级的应用，更需要开发者深刻理解苹果iOS开发的精髓，并具有扎实的基本功和创新能力。

　　睿峰科技作为中国最大的苹果iOS平台开发企业，为众多行业客户开发了苹果iOS平台行业级应用，通过多年的实践，建立了完整的iOS开发体系。我们对这个行业理解深刻，也深知在该领域缺乏真正有价值、实用的教程。很多翻译过来的开发教程，并不能很好地贴合中国的实际，对国内开发者最需要的知识缺乏必要的梳理。因此，我们结合国内开发实际，推出了此书。本书对iOS开发体系所用到的知识，从基础到实践的全过程进行了全面的梳理。

　　本书作者全部来自于行业的一线开发工程师，他们参加过银行、保险、邮政、电信等行业的大型应用程序开发，不仅对前端有深刻的理解，对前后台数据的交互和优化，如何将ios设备效能发挥到极致有着丰富的经验。本书所涉及的所有代码和实例均来自睿峰科技实际项目，来自于国内iOS行业开发的第一线，具有一定的参考价值。

　　由于本书成书时间短和作者知识水品有限，其中错误之处难免出现，恳请读者提出宝贵意见。

马泳宇

2013年4月18日

讲师介绍

马泳宇　导师

剑桥大学　博士

- 苹果核心开发工程师
- 深圳云计算平台总策划及总工程师
- 中国人寿保险e动力系统平台研发总负责人
- 中国工商银行移动智慧银行系统平台研发总负责人
- 交通银行移动智慧查询系统平台研发总负责人

任朝　高级讲师
睿峰培训科技研发总监，参与了睿峰科技所有项目的研发，产品设计与监管。

具有多年的产品研发和项目管理实战经验，曾在银行一线工作，如今对金融类产品的研发和体验设计有着非常深刻的理解，是国内为数不多的能将移动互联网领域和银行、保险等金融领域进行产品结合的先驱者之一，研发了苹果Appstore上线和企业定制的产品数十款。

王政　高级讲师
睿峰培训高级讲师，具有多年iphone、ipad开发实战经验的开发工程师。
精通objective-c，c，c++，c#，SQLite数据库开发等，曾任c语言专职讲师。随着移动互联网发展，于2010年专注于苹果iOS开发，曾先后担任睿峰iOS团队主程序和框架设计、项目经理、iOS技术顾问，是爱淘衣、菩提树、亚洲新闻周刊、ipad电子杂志系统等10余个项目的核心开发成员。

李红军　高级讲师
睿峰培训高级讲师，具有丰富的苹果iOS应用软件开发经验的资深工程师。
曾担任手机硬件工程师，嵌入式开发工程师，既对硬件相关开发有深刻理解，又对移动互联网iOS开发有深入研究，精通objective-c、ios SDK、c、c++、openGL图像引擎等，曾担任中国人寿E动力项目经理，带领开发的其他项目有：中行无纸会议系统、自助理财终端、智慧移动银行等数十个项目。

吴雪镠　高级讲师
睿峰培训高级讲师，iOS开发高级工程师，具备丰富iOS企业级应用开发经验的高级工程师
精通objective-c、c、c++、java、cocos2d框架等，有着非常广泛的知识库和高超的开发能力，对iOS开发各模块都了如指掌，专注于iOS开发的3年中，成功上线苹果Appstore的仅个人作品就有8款之多，企业级应用15个，代表作品有：贺卡中国、拍客、农行智能一点通、体验指南及工行智慧移动银行等。

胡梁军　高级讲师
睿峰培训高级讲师，iOS开发高级工程师，深谙iOS应用开发领域创新模式及用户体验的高级工程师
睿峰科技iOS研发工程师，长期从事iOS产品研发及iOS软件设计工作，积累了深厚的开发经验。至今已有参与数十个iOS项目的研究开发，对iOS应用产品的开发与设计有独到的见解。主要研发成果：iOS视频通话、MDM（移动设备管理）以及众多Appstore上线产品。

成都睿峰科技有限公司 是一家专注于移动互联技术的高新科技企业。公司主要从事基于苹果ios体系的移动互联应用程序开发以及技术培训，是苹果iOS在中国最大的实训中心。公司为银行、保险、邮政、电信等多个行业提供苹果iPhone和iPad上的移动互联应用架构和程序开发，并为这些行业提供苹果iOS体系开发培训。

睿峰科技倡导以技术改变生活的理念，长期致力于移动互联领域，以优秀的设计理念，强大的技术背景以及独特的用户体验设计，为客户提供最具价值的移动互联解决方案。因为专注，所以专业，睿峰科技以长期不变的信念和积累，陪伴越来越多的企业成功跨入移动互联网络，获得了客户的好评。

随着移动互联逐步进入更加广阔的领域，睿峰科技将执着于为用户提供更多优质服务，协助用户有移动互联时代拓展自己的业务空间，共迎新时代的辉煌。

睿峰培训中心 是依托于成都睿峰科技有限公司而设立的高端iOS开发人才培训机构。中心坐落于成都CBD核心拉德方斯大厦10楼全层，面积约2500平方米。作为国内屈指可数的高规格培训机构，依托睿峰科技雄厚的研发实力，专为各大企业和个人提供专业化的iOS开发培训。中心拥有高水准的设计人才以及顶尖的师资力量。中心讲师全部来自于开发一线，具有多年行业开发实战经验，并拥有最现代的技术和设备，现场和远程等灵活多样的授课方式，量身定制的课程，最大限度为学员提供最前沿的移动互联技术及覆盖前端与后台的移动互联开发培训。

目 录

第一部分 C语言基础

第一章 数据类型、运算符、表达式

1.1 C语言的字符集 …………………… 001
1.2 语言词汇 ……………………………… 001
1.3 数据类型 ……………………………… 002
    1.3.1 常量与变量 ………………… 004
    1.3.2 常量和符号常量 …………… 004
1.4 算术运算符和算术表达式 ………… 004
    1.4.1 C运算符简介 ……………… 004
    1.4.2 算术表达式 ………………… 006

第二章 结构化程序设计

2.1 C语句概述 ………………………… 007
2.2 赋值语句 ……………………………… 008
2.3 分支结构程序 ………………………… 009
2.4 if语句的嵌套 ……………………… 011
2.5 switch语句 ………………………… 012
2.6 循环控制 ……………………………… 013
    2.6.1 goto语句以及用goto语句构成循环 … 013
    2.6.2 while语句 ………………… 014
    2.6.3 do-while语句 …………… 014
    2.6.4 for语句 …………………… 015
    2.6.5 循环的嵌套 ………………… 017
    2.6.6 几种循环的比较 …………… 017
2.7 break语句 …………………………… 017
2.8 continue语句 ……………………… 018

第三章 数组、函数、指针

3.1 一维数组的定义 …………………… 019
3.2 一维数组元素的引用 ……………… 020
3.3 一维数组的初始化 ………………… 021
3.4 二维数组的定义 …………………… 022
3.5 二维数组元素的引用 ……………… 022
3.6 二维数组的初始化 ………………… 023

3.7 字符数组 ……………………………… 023
    3.7.1 字符数组的定义 …………… 023
    3.7.2 字符数组的初始化 ………… 024
    3.7.3 字符数组的引用 …………… 024
3.8 字符串和字符串结束标志 ………… 024
3.9 函数概述 ……………………………… 025
3.10 函数定义的一般形式 ……………… 026
3.11 函数的参数和函数的值 ………… 028
    3.11.1 形式参数和实际参数 …… 028
    3.11.2 函数的返回值 …………… 029
3.12 函数的调用 ………………………… 029
    3.12.1 函数调用的一般形式 …… 029
    3.12.2 函数调用的方式 ………… 030
    3.12.3 被调用函数的声明和函数原型 … 030
    3.12.4 函数的嵌套调用 ………… 031
    3.12.5 函数的递归调用 ………… 032
3.13 局部变量和全局变量 ……………… 033
    3.13.1 局部变量 ………………… 033
    3.13.2 全局变量 ………………… 034
3.14 指针 …………………………………… 034
3.15 地址指针的基本概念 ……………… 035
3.16 变量的指针和指向变量的指针变量 … 035
    3.16.1 定义一个指针变量 ……… 036
    3.16.2 指针变量的引用 ………… 036
3.17 数组指针和指向数组的指针变量 … 040
    3.17.1 指向数组元素的指针 …… 040
    3.17.2 通过指针引用数组元素 … 041
3.18 函数指针变量 ……………………… 043
3.19 指针型函数 ………………………… 044
3.20 指针数组和指向指针的指针 …… 045
    3.20.1 指针数组的概念 ………… 045
    3.20.2 指向指针的指针 ………… 047
3.21 有关指针的数据类型的小结 …… 048
3.22 指针运算的小结 …………………… 049
3.23 void指针类型 ……………………… 049

第四章 结构体、共用体、枚举、预处理

4.1 定义一个结构的一般形式 ·········· 051
4.2 结构类型变量的说明 ·············· 052
4.3 结构变量成员的表示方法 ·········· 054
4.4 结构变量的赋值 ················· 054
4.5 结构变量的初始化 ··············· 055
4.6 结构数组的定义 ················· 055
4.7 结构指针变量的说明和使用 ········ 056
    4.7.1 指向结构变量的指针 ········· 056
    4.7.2 指向结构数组的指针 ········· 057
4.8 枚举类型 ····················· 058
    4.8.1 枚举类型的定义和枚举变量的说明 ······ 058
    4.8.2 枚举类型变量的赋值和使用 ······ 059
4.9 宏定义 ······················ 060
    4.9.1 无参宏定义 ················ 060
    4.9.2 带参宏定义 ················ 063
4.10 类型定义符typedef ············· 067
4.11 用extern声明外部变量 ·········· 068
4.12 用static声明局部变量 ·········· 068
4.13 用const声明常量 ·············· 069

第五章 数据结构与算法简介

5.1 数据结构基本概念和术语 ·········· 071
5.2 程序的灵魂——算法 ············· 072
    5.2.1 算法的概念 ················ 072
    5.2.2 算法的特点 ················ 072
    5.2.3 简单算法举例 ·············· 073

第二部分 Objective-C语言

第六章 Objective-C基础

6.1 Objective-C概述 ··············· 075
6.2 开发工具Xcode ················ 075
6.3 HelloWorld解析 ··············· 076
    6.3.1 #import ··················· 078
    6.3.2 NSLog () ·················· 078
    6.3.3 @"字符串" ················ 078

6.3.4 注释 ······················ 078
    6.3.5 #progma mark ·············· 079
6.4 面向对象和面向过程 ············· 079

第七章 类和对象

7.1 认识对象 ····················· 081
7.2 认识类 ······················ 081
7.3 OC中类的定义 ················· 081
    7.3.1 接口（interface） ·········· 082
    7.3.2 实现（implementation） ······ 082
    7.3.3 Struct和Class比较 ········· 083
7.4 创建对象 ····················· 083
    7.4.1 类方法和实例方法 ··········· 084
    7.4.2 内存分配 ·················· 085
    7.4.3 初始化 ···················· 086
    7.4.4 便利构造器 ················ 088

第八章 属性及点语法

8.1 属性 ························· 089
8.2 属性关键字 ··················· 090
8.3 点语法 ······················ 092

第九章 字符串、集合

9.1 数据类型 ····················· 095
    9.1.1 与C共有的数据类型 ········· 095
    9.1.2 OC扩展的数据类型 ·········· 095
9.2 字符串（NSString） ············ 096
    9.2.1 NSString 对象初始化 ········ 096
    9.2.2 字符串长度获取 ············ 097
    9.2.3 获取字符串的子串 ··········· 097
    9.2.4 字符串的比较 ·············· 098
    9.2.5 类型转换 ·················· 099
    9.2.6 字符串（NSMutableString） ··· 099
9.3 数组 ························· 100
    9.3.1 NSArray ··················· 100
    9.3.2 NSArray简化 ··············· 101

9.3.3 NSMutableArray ·············· 101

9.4 字典 ····································· 102

    9.4.1 NSDictionary ················· 103

    9.4.2 NSMutableDictionary ······· 104

9.5 集 ······································· 104

    9.5.1 NSSet ·························· 104

    9.5.2 NSMutableSet ················ 105

9.6 快速枚举 ······························· 105

第十章　内存管理

10.1 程序内存分配 ······················· 107

10.2 Objective-C内存管理 ··············· 108

    10.2.1所有权机制 ·················· 108

    10.2.2 内存管理黄金法则 ·········· 108

    10.2.3 便利构造器内存管理 ······· 111

    10.2.4 设置器，访问器内存管理 ··· 112

    10.2.5 常见错误 ···················· 113

    10.2.6 规则总结 ···················· 113

    10.2.7 ARC (Automatic Reference Counting) 机制113

第十一章　封装、继承、多态

11.1 封装 ··································· 115

11.2 继承 ··································· 116

11.3 多态 ··································· 118

第十二章　类目、延展、协议、单例

12.1 类目Category ························ 119

    12.1.1 类目的声明和实现 ·········· 119

    12.1.2 类目的使用 ················· 120

    12.1.3 举例 ························· 120

    12.1.4 类目的局限性 ··············· 123

12.2 延展Extension ······················ 124

12.3 协议Protocol ······················· 124

    12.3.1 协议的定义 ················· 124

    12.3.2 协议的作用 ················· 126

    12.3.3 协议的特点 ················· 126

12.4 单例Singleton ······················ 126

第三部分　核心框架

第十三章　程序基本结构

13.1 Main函数 ···························· 129

13.2 创建工程 ····························· 129

13.3 应用程序的委托 ···················· 131

13.4 UIWindow ··························· 132

第十四章　视图

14.1 UIView的初始化方式 ··············· 135

14.2 UIView的常见属性及含义 ·········· 135

14.3 UIView的常用方法 ················· 136

14.4 自定义UIView ······················ 136

第十五章　简单视图控件

15.1 按钮UIButton ······················ 139

    15.1.1 UIButton的初始化 ·········· 139

    15.1.2 事件与回调 ················· 139

    15.1.3 设置背景和文字 ············ 140

    15.1.4 自定义按钮 ················· 140

15.2 标签UILabel ························ 141

    15.2.1 UILabel的常用属性 ········· 142

    15.2.2 UILabel的初始化 ··········· 142

    15.2.3 更好的文本展示 ············ 142

15.3 其他简单控件 ······················· 142

    15.3.1 开关控件UISwitch ·········· 142

    15.3.2 滑块控件UISlider ··········· 143

    15.3.3 多选控件UISegmentedControl ····· 143

第十六章　视图控制器

16.1 基本视图控制器 ···················· 145

    16.1.1 UIViewController的初始化 ·· 145

    16.1.2 常用方法和执行顺序 ········ 145

    16.1.3 自定义视图控制器 ·········· 146

    16.1.4 视图控制器的切换 ·········· 146

16.2 导航控制器 ························· 147

16.2.1 导航控制器的推送和返回⋯⋯⋯ 147

16.2.2 导航栏的自定义⋯⋯⋯⋯⋯⋯ 148

16.3 标签控制器⋯⋯⋯⋯⋯⋯⋯⋯⋯⋯ 149

16.3.1 标签控制器的切换关系⋯⋯⋯ 149

16.3.2 标签控制器的初始化⋯⋯⋯⋯ 149

16.3.3 设置文字与图片⋯⋯⋯⋯⋯⋯ 150

16.3.4 UITabBarController的自定义⋯⋯ 151

16.4 自动布局⋯⋯⋯⋯⋯⋯⋯⋯⋯⋯⋯ 152

16.4.1 AutoLayout简介⋯⋯⋯⋯⋯⋯ 152

16.4.2 创建约束条件⋯⋯⋯⋯⋯⋯⋯ 152

16.4.3 添加约束条件⋯⋯⋯⋯⋯⋯⋯ 154

第十七章　UIView动画以及触摸手势

17.1 UIView动画简述⋯⋯⋯⋯⋯⋯⋯⋯ 157

17.2 建立UIView动画⋯⋯⋯⋯⋯⋯⋯⋯ 157

17.3 动画回调⋯⋯⋯⋯⋯⋯⋯⋯⋯⋯⋯ 158

17.4 过渡动画⋯⋯⋯⋯⋯⋯⋯⋯⋯⋯⋯ 159

17.5 动画Blocks的使用⋯⋯⋯⋯⋯⋯⋯ 159

17.6 图像视图动画⋯⋯⋯⋯⋯⋯⋯⋯⋯ 160

17.7 触摸事件⋯⋯⋯⋯⋯⋯⋯⋯⋯⋯⋯ 160

17.8 手势⋯⋯⋯⋯⋯⋯⋯⋯⋯⋯⋯⋯⋯ 161

第十八章　滚动视图的使用

18.1 UIScrollView滚动视图⋯⋯⋯⋯⋯ 165

18.1.1 UIScrollView的工作机制⋯⋯⋯ 165

18.1.2 UIScrollView的常用属性⋯⋯⋯ 165

18.1.3 UIScrollView的实际使用⋯⋯⋯ 166

18.2 UIPageControl页面指示器控件⋯⋯⋯⋯ 169

18.3 构建UIPickerView多轮表格⋯⋯⋯ 170

18.3.1 创建UIPickerView⋯⋯⋯⋯⋯ 170

18.3.2 创建基于视图的选取器⋯⋯⋯ 172

18.4 使用UIDatePicker时间选取器⋯⋯ 173

第十九章　创建和管理表格视图

19.1 UITableView和UITableViewController简介⋯ 177

19.2 创建表格⋯⋯⋯⋯⋯⋯⋯⋯⋯⋯⋯ 177

19.3 重用单元格⋯⋯⋯⋯⋯⋯⋯⋯⋯⋯ 178

19.4 字体表格实例⋯⋯⋯⋯⋯⋯⋯⋯⋯ 179

19.5 使用内置单元格类型⋯⋯⋯⋯⋯⋯ 180

19.5.1 修改内置单元格⋯⋯⋯⋯⋯⋯ 182

19.6 定制自己的单元格⋯⋯⋯⋯⋯⋯⋯ 183

19.7 修改单元格的选中样式⋯⋯⋯⋯⋯ 185

19.8 记住定制单元格的控制状态⋯⋯⋯ 185

19.9 移出单元格选中时的高亮显示状态⋯⋯⋯ 185

19.10 单元格的配件样式⋯⋯⋯⋯⋯⋯⋯ 186

19.11 编辑单元格⋯⋯⋯⋯⋯⋯⋯⋯⋯⋯ 186

19.11.1 处理删除请求⋯⋯⋯⋯⋯⋯⋯ 186

19.11.2 滑动单元格⋯⋯⋯⋯⋯⋯⋯⋯ 186

19.11.3 对单元格重新排序⋯⋯⋯⋯⋯ 187

19.12 表格数据排序⋯⋯⋯⋯⋯⋯⋯⋯⋯ 187

19.13 创建分段表格⋯⋯⋯⋯⋯⋯⋯⋯⋯ 188

19.13.1 创建标题⋯⋯⋯⋯⋯⋯⋯⋯⋯ 188

19.13.2 创建分段索引⋯⋯⋯⋯⋯⋯⋯ 188

19.13.3 定制表头和脚注⋯⋯⋯⋯⋯⋯ 189

19.14 创建分组表格⋯⋯⋯⋯⋯⋯⋯⋯⋯ 189

19.15 创建搜索表格⋯⋯⋯⋯⋯⋯⋯⋯⋯ 189

19.16 下拉刷新（iOS6新特征）⋯⋯⋯⋯ 190

19.17 UICollectionView（iOS6新特征）⋯⋯ 191

19.17.1 配置数据源⋯⋯⋯⋯⋯⋯⋯⋯ 193

19.17.2 使用UICollectionViewFlowLayout⋯⋯ 195

19.17.3 删除和添加项⋯⋯⋯⋯⋯⋯⋯ 199

19.17.4 使用UICollectionViewLayout⋯⋯ 199

第二十章　输入控件

20.1 文本输入⋯⋯⋯⋯⋯⋯⋯⋯⋯⋯⋯ 203

20.2 取消键盘⋯⋯⋯⋯⋯⋯⋯⋯⋯⋯⋯ 204

20.3 输入控制⋯⋯⋯⋯⋯⋯⋯⋯⋯⋯⋯ 205

第二十一章　网络开发

21.1 检查网络状态⋯⋯⋯⋯⋯⋯⋯⋯⋯ 207

21.2 同步请求⋯⋯⋯⋯⋯⋯⋯⋯⋯⋯⋯ 208

21.3 异步请求⋯⋯⋯⋯⋯⋯⋯⋯⋯⋯⋯ 208

21.4 GET与POST ·················· 209

21.5 数据上传与下载 ·············· 210

    21.5.1 XML与XML解析·············· 210

    21.5.2 JSON与JSON解析 ·········· 211

21.6 ASIHTTPRequest简介 ········ 212

21.7 网页视图 ···················· 212

第二十二章　音频与视频

22.1 音频 ························ 215

22.2 视频 ························ 217

第四部分　高级应用

第二十三章　高级动画

23.1 图层 ························ 219

    23.1.1图层的坐标系·············· 219

    23.1.2 指定图层的几何············ 219

    23.1.3 图层的几何变换············ 221

    23.1.4 变换函数·················· 222

    23.1.5 修改变换的数据结构········ 223

    23.1.6 通过键值路径修改变换······ 223

23.2 使用Core Animation Transitions········ 224

23.3 深入了解 Core Animation ········ 225

    23.3.1 基本概念················ 225

    23.3.2 CALayer及时间模型········ 225

    23.3.3 显式动画Animation········ 228

    23.3.4 CABasicAnimation的实际使用···· 231

    23.3.5 CAKeyframeAnimation的实际使用· 232

    23.3.6 CAAnimationGroup组合动画的使用··· 234

第二十四章　使用相册和照相机

24.1 使用图像拾取器 ············ 237

24.2 使用照相机 ················ 239

24.3 图像的存储 ················ 239

24.4 图像的重构 ················ 240

第二十五章　数据持久性

25.1 应用程序的沙盒 ············ 241

25.2 获取文件路径 ·············· 242

25.3 属性列表序列化 ············ 243

25.4 对象归档 ·················· 243

    25.4.1 遵守并实现NSCoding······ 243

    25.4.2 对对象进行归档·········· 244

    25.4.3 读取归档的数据 ·········· 245

25.5 文件管理 ·················· 245

25.6 Core Data的使用 ············ 246

第二十六章　多线程

26.1 线程与多线程 ·············· 251

26.2 开辟子线程 ················ 251

26.3 定时器NSTimer ············ 252

26.4 通知 ······················ 252

第二十七章　地图

27.1 定位 ······················ 255

27.2 地图视图 ·················· 255

27.3 地图注解 ·················· 256

27.4 自定义地图注解 ············ 258

第二十八章　真机调试 ············ 261

第二十九章　访问设备能力（真机）

29.1 加速计 ···················· 279

    29.1.1 加速计的物理特性········ 279

    29.1.2 访问加速计·············· 280

29.2 控制屏幕的亮度 ············ 280

29.3 获取当前设备信息 ·········· 280

29.4 监控电池状态 ·············· 281

29.5 启用和禁用接近传感器 ······ 282

29.6 检测设备晃动 ·············· 283

数据类型、运算符、表达式

1.1 C语言的字符集

字符是组成语言的最基本的元素，C语言字符集由字母、数字、空格、标点和特殊字符组成，字符串常量和注释中还可以使用汉字或其他可表示的图形符号。

1.字母

小写字母a～z共26个
大写字母A～Z共26个

2.数字

0～9共10个

3.空白符

空格符、制表符、换行符等统称为空白符。空白符只在字符常量和字符串常量中起作用；在其他地方出现时，只起间隔作用，编译程序对它们忽略不计。因此在程序中使用空白符与否，对程序的编译不发生影响，但在程序中适当的地方使用空白符将增加程序的清晰性和可读性。

4.标点和特殊字符

1.2 语言词汇

在C语言中使用的词汇分为六类：标识符、关键字、运算符、分隔符、常量、注释符。

1.标识符

在程序中使用的变量名、函数名、标号等统称为标识符。除库函数的函数名由系统定义外，其余都由用户自定义。C语言规定，标识符只能是字母(A～Z, a～z)、数字(0～9)、下划线(_)组成的字符串，并且其第一个字符必须是字母或下划线。

以下标识符是合法的：

a, x, x3, XXL_1, sum1

以下标识符是非法的：

3s   以数字开头

A*T   出现非法字符*

-5x   以减号开头

boy-1   出现非法字符-(减号)

在使用标识符时还必须注意以下几点：

(1)标准C不限制标识符的长度，但它受各种版本的C语言编译系统限制，同时也受到具体机器的限制。例如在某版本C中规定标识符前八位有效，当两个标识符前八位相同时，则被认为是同一个标识符。

(2)在标识符中，大小写是有区别的。例如name和NAME是两个不同的标识符。

(3)标识符虽然可由程序员随意定义，但标识符是用于标识某个量的符号。因此，命名应尽量有相应的意义，以便于阅读理解，做到"顾名思义"。

2.关键字

关键字是由C语言规定的具有特定意义的字符串，通常也称为保留字。用户定义的标识符不应与关键字相同。C语言的关键字分为以下几类：

(1)类型说明符

　　用于定义、说明变量、函数或其他数据结构的类型，如int，double等。

(2)语句定义符

　　用于表示一个语句的功能，如if else就是条件语句的语句定义符。

(3)预处理命令字

　　用于表示一个预处理命令，如include。

3.运算符

C语言中含有相当丰富的运算符。运算符与变量、函数一起组成表达式，表示各种运算功能。运算符由一个或多个字符组成。

4.分隔符

在C语言中采用的分隔符有逗号和空格两种。逗号主要用在类型说明和函数参数表中，分隔各个变量。空格多用于语句各单词之间，作为间隔符。在关键字、标识符之间必须要有一个以上的空格符作间隔，否则将会出现语法错误，例如把int a;写成inta;C编译器会把inta当成一个标识符处理，其结果必然出错。

5.常量

C语言中使用的常量可分为数字常量、字符常量、字符串常量、符号常量、转义字符等多种。在后面章节中将专门给予介绍。

6.注释符

C语言的注释符是以"/*"开头并以"*/"结尾的串。在"/*"和"*/"之间的即为注释。程序编译时，不对注释作任何处理。注释可出现在程序中的任何位置。注释用来向用户提示或解释程序的意义。在调试程序中，对暂不使用的语句也可用注释符括起来，使编译跳过不作处理，待调试结束后再去掉注释符。

1.3 数据类型

程序中使用的各种变量都应预先加以定义，即先定义，后使用。对变量的定义可以包括三个方面：数据类型、存储类型、作用域。

在本章中，我们只介绍数据类型的说明。其他说明在以后各章中陆续介绍。所谓数据类型是按被定义变量的性质，表示形式，占据存储空间的多少，构造特点来划分的。在C语言中，数据类型可分为基本数据类型、构造数据类型、指针类型、空类型四大类。

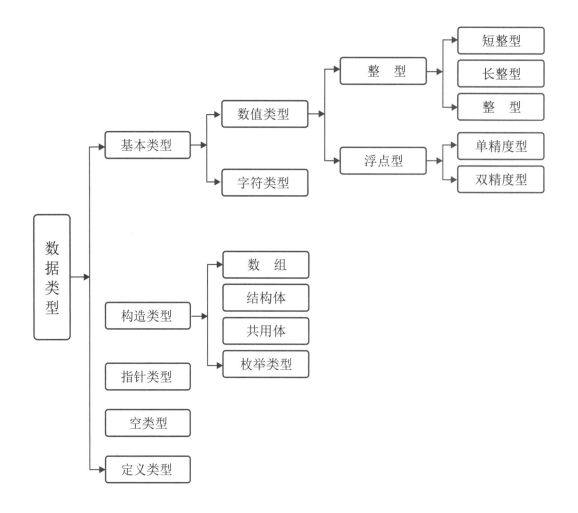

1.基本数据类型：基本数据类型最主要的特点是，其值不可以再分解为其他类型。也就是说，基本数据类型是自我说明的。

2.构造数据类型：构造数据类型是根据已定义的一个或多个数据类型用构造的方法来定义的。也就是说，一个构造类型的值可以分解成若干个"成员"或"元素"。每个"成员"都是一个基本数据类型或又是一个构造类型。在C语言中，构造类型有三种：数组类型、结构体类型、共用体（联合）类型。

3.指针类型：指针是一种特殊的，同时又是具有重要作用的数据类型。其值用来表示某个变量在内存储器中的地址。虽然指针变量的取值类似于整型量，但这是两个类型完全不同的量，因此不能混为一谈。

4.空类型：在调用函数值时，通常应向调用者返回一个函数值。这个返回的函数值是具有一定的数据类型的，应在函数定义及函数说明中给予说明，例如函数头为：int max(int a,int b);其中"int"类型说明符即表示该函数的返回值为整型量。但是，也有一类函数调用后并不需要向调用者返回函数值，这种函数可以定义为"空类型"，其类型说明符为void，在后面函数中还要详细介绍。

1.3.1 常量与变量

对于基本数据类型，按其取值是否可改变又分为常量和变量两种。在程序执行过程中，其值不发生改变的量称为常量，其值可变的量称为变量。它们可与数据类型结合起来分类。例如，可分为整型常量、整型变量、浮点常量、浮点变量、字符常量、字符变量、枚举常量、枚举变量。在程序中，常量是可以不经说明而直接引用的，而变量则必须先定义后使用。整型量包括整型常量、整型变量。

1.3.2 常量和符号常量

在程序执行过程中，其值不发生改变的量称为常量。
- 直接常量(字面常量)；
- 整型常量：12、0、-3；
- 实型常量：4.6、-1.23；
- 字符常量：'a'、'b'。
- 标识符：用来标识变量名、符号常量名、函数名、数组名、类型名、文件名的有效字符序列。

符号常量：用标识符代表一个常量。在C语言中，可以用一个标识符来表示一个常量，称之为符号常量。

1.4 算术运算符和算术表达式

C语言中运算符和表达式数量之多，在高级语言中是少见的。正是丰富的运算符和表达式使C语言功能十分完善。这也是C语言的主要特点之一。

C语言的运算符不仅具有不同的优先级，而且还有一个特点，就是它的结合性。在表达式中，各运算量参与运算的先后顺序不仅要遵守运算符优先级别的规定，还要受运算符结合性的制约，以便确定是自左向右进行运算还是自右向左进行运算。这种结合性是其他高级语言的运算符所没有的，因此也增加了C语言的复杂性。

1.4.1 C运算符简介

C语言的运算符可分为以下几类：
- 算术运算符——用于各类数值运算。包括加(+)、减(-)、乘(*)、除(/)、求余(或称模运算，%)、自增(++)、自减(—)共七种。
- 关系运算符——用于比较运算。包括大于(>)、小于(<)、等于(==)、 大于等于(>=)、小于等于(<=)和不等于(!=)六种。
- 逻辑运算符——用于逻辑运算。包括与(&&)、或(||)、非(!)三种。
- 位操作运算符——参与运算的量，按二进制位进行运算。包括位与(&)、位或(|)、位非(~)、位异或(^)、左移(<<)、右移(>>)六种。
- 赋值运算符——用于赋值运算，分为简单赋值(=)、复合算术赋值(+=，-=，*=，/=，%=)和复合位运算赋值(&=，|=，^=，>>=，<<=)三类共十一种。
- 条件运算符——这是一个三目运算符，用于条件求值(?:)。
- 逗号运算符——用于把若干表达式组合成一个表达式(，)。
- 指针运算符——用于取内容(*)和取地址(&)两种运算。
- 求字节数运算符——用于计算数据类型所占的字节数(sizeof)。
- 特殊运算符——有括号()、下标[]、成员(->，.)等几种。

下表列出了运算符的优先级：

优先级	运算符	名称或含义	使用形式	结合方向	说明
1	[]	数组下标	数组名[常量表达式]	左到右	
	()	圆括号	（表达式）/函数名（形参名）		
	.	成员选择（对象）	对象.成员名		
	->	成员选择（指针）	对象指针->成员名		
2	-	负号运算符	-表达式	右到左	单目运算符
	（类型）	强制类型转换	（数据类型）表达式		
	++	自增运算符	++变量名/变量名++		单目运算符
	--	自减运算符	--变量名/变量名--		单目运算符
	*	取值运算符	*指针变量		单目运算符
	&	取地址运算符	&变量名		单目运算符
	!	逻辑非运算符	!表达式		单目运算符
	~	按位取反运算符	~表达式		单目运算符
	sizeof	长度运算符	sizeof（表达式）		
3	/	除	表达式/表达式	左到右	双目运算符
	*	乘	表达式*表达式		双目运算符
	%	余数（取模）	整型表达式/整型表达式		双目运算符
4	+	加	表达式+表达式	左到右	双目运算符
	-	减	表达式-表达式		双目运算符
5	<<	左移	加后赋值	左到右	双目运算符
	>>	右移	变量>>表达式		双目运算符
6	>	大于	表达式>表达式	左到右	双目运算符
	>=	大于等于	表达式>=表达式		双目运算符
	<	小于	表达式<表达式		双目运算符
	<=	小于等于	表达式<=表达式		双目运算符
7	==	等于	表达式==表达式	左到右	双目运算符
	!=	不等于	表达式!=表达式		双目运算符
8	&	按位与	表达式&表达式	左到右	双目运算符
9	^	按位异或	表达式^表达式	左到右	双目运算符
10	|	按位或	表达式|表达式	左到右	双目运算符
11	&&	逻辑与	表达式&&表达式	左到右	双目运算符
12	||	逻辑或	表达式||表达式	左到右	双目运算符
13	?:	条件运算符	表达式1?表达式2:表达式3	右到左	三目运算符
14	=	赋值运算符	变量=表达式	右到左	
	/=	除后赋值	变量/=表达式		
	*=	乘后赋值	变量*=表达式		
	%=	取模后赋值	变量%=表达式		
	+=	加后赋值	变量%=表达式		
	-=	减后赋值	减后赋值		

（接上页表）

	<<=	左移后赋值	变量<<=表达式		
	>>=	右移后赋值	变量>>=表达式		
	&=	按位与后赋值	变量&=表达式		
	^=	按位异或后赋值	变量^=表达式		
	|=	按位或后赋值	变量|=表达式		
15	,	逗号运算符	表达式,表达式,…	左到右	从左向右顺序运算

同一优先级的运算符，运算次序由结合方向所决定，简单记就是：！> 算术运算符> 关系运算符 > && > || > 赋值运算符。

1.4.2 算术表达式

表达式是由常量、变量、函数和运算符组合起来的式子。一个表达式有一个值及其类型，它们等于计算表达式所得结果的值和类型。表达式求值按运算符的优先级和结合性规定的顺序进行。单个的常量、变量、函数可以看作是表达式的特例。

算术表达式是用算术运算符和括号将运算对象（也称操作数）连接起来的、符合C语法规则的式子。

以下是算术表达式的例子：

★a+b

★(a*2) / c

★(x+r)*8-(a+b) / 7

★++i

小结：

通过本章的学习，我们初步了解了C语言程序的一些概念知识，包括字符集、基本数据类型以及算数运算符和表达式。

数据类型有：基本类型，构造类型，指针类型，空类型。

常量类型有：整数，长整数，无符号数，浮点数，字符，字符串，符号常数转义字符。

一般而言，单目运算符优先级较高，赋值运算符优先级低。算术运算符优先级较高，关系和逻辑运算符优先级较低。多数运算符具有左结合性，单目运算符、三目运算符、赋值运算符具有右结合性。

结构化程序设计

从程序流程的角度来看，程序可以分为三种基本结构，即顺序结构、分支结构、循环结构。这三种基本结构可以组成所有的各种复杂程序。C语言提供了多种语句来实现这些程序结构。本章介绍这些基本语句及其在顺序结构中的应用，使读者对C程序有一个初步的认识，为后面各章的学习打下基础。

2.1 C语句概述

C程序的执行部分是由语句组成的。程序的功能也是由执行语句实现的，C语句可分为五类：

1.表达式语句

表达式语句由表达式加上分号";"组成，其一般形式为：

表达式；

执行表达式语句就是计算表达式的值。

例如：

x=y+z;　　赋值语句；

y+z;　　　加法运算语句，但计算结果不能保留，无实际意义；

I++;　　　自增1语句，i值增1。

2.函数调用语句

由函数名、实际参数加上分号";"组成，其一般形式为：

函数名(实际参数表)；

执行函数语句就是调用函数体并把实际参数赋予函数定义中的形式参数，然后执行被调函数体中的语句，求取函数值(在后面函数中再详细介绍)。

例如：

printf("C Program");调用库函数，输出字符串。

3.控制语句

控制语句用于控制程序的流程，以实现程序的各种结构方式。C语言有九种控制语句。可分成以下三类：

条件判断语句：if语句、switch语句；

循环执行语句：do while语句、while语句、for语句；

转向语句：break语句、goto语句、continue语句、return语句。

4.复合语句

把多个语句用括号{}括起来组成的一个语句称复合语句，在程序中应把复合语句看成是单条语句，而不是多条语句。

例如：

```
{
    x=y+z;
    a=b+c;
    printf("%d%d",x,a);
}
```

是一条复合语句。

复合语句内的各条语句都必须以分号";"结尾，在括号"}"外不能加分号。

5.空语句

只有分号";"组成的语句称为空语句。空语句是什么也不执行的语句。在程序中,空语句可用来作空循环体。

例如：

```
while(getchar()!='\n');
```

本语句的功能是，只要从键盘输入的字符不是回车则重新输入。这里的循环体为空语句。

2.2 赋值语句

赋值语句是由赋值表达式再加上分号构成的表达式语句。其一般形式为：

变量=表达式;

赋值语句的功能和特点都与赋值表达式相同，它是程序中使用最多的语句之一。在赋值语句的使用中需要注意以下几点：

1.由于在赋值符"="右边的表达式也可以又是一个赋值表达式，因此，下述形式：

变量=(变量=表达式);

是成立的，从而形成嵌套的情形。其展开之后的一般形式为：

变量=变量=…=表达式;

例如：

a=b=c=d=e=5;

按照赋值运算符的右结合性，因此实际上等效于：

e=5;

d=e;

c=d;

b=c;

a=b;

2.注意在变量说明中给变量赋初值和赋值语句的区别。

给变量赋初值是变量说明的一部分，赋初值后的变量与其后的其他同类变量之间仍必须用逗号间隔，而赋值语句则必须用分号结尾。

例如：

int a=5,b,c;

3.在变量说明中，不允许连续给多个变量赋初值。

如下述说明是错误的：

int a=b=c=5;

必须写为：

int a=5, b=5, c=5;

而赋值语句允许连续赋值。

4.注意赋值表达式和赋值语句的区别。

赋值表达式是一种表达式，它可以出现在任何允许表达式出现的地方，而赋值语句则不能。

下述语句是合法的：

if((x=y+5)>0) z=x;

语句的功能是，若表达式x=y+5大于0，则z=x。

下述语句是非法的：

if((x=y+5;)>0) z=x;

因为x=y+5;是语句，不能出现在表达式中。

2.3 分支结构程序

用if语句可以构成分支结构。它根据给定的条件进行判断，以决定执行某个分支程序段。C语言的if语句有三种基本形式。

1.第一种形式为基本形式：if

if(表达式) 语句

其语义是：如果表达式的值为真，则执行其后的语句，否则不执行该语句。

【例2.1】

```
main(){
  int a=1,b=2,max=0;
  if (a<b) max=b;
  printf("max=%d",max);//输出max=2
  }
```

上面的代码程序中用if语句判别a和b的大小，如a小于b，则把b赋予max，最后输出max的值。

2.第二种形式为：if-else

```
if(表达式)
    语句1;
else
    语句2;
```

其语义是：如果表达式的值为真，则执行语句1，否则执行语句2。

【例2.2】

```
main(){
  int a, b;
  printf("input two numbers:    ");
  scanf("%d%d",&a,&b);
  if(a>b)
```

```
    printf("max=%d\n",a);
    else
    printf("max=%d\n",b);
    }
```

输入两个整数，输出其中的大数。

改用if-else语句判别a、b的大小，若a大，则输出a，否则输出b。

3.第三种形式为if-else-if形式

前两种形式的if语句一般都用于两个分支的情况。当有多个分支选择时，可采用if-else-if语句，其一般形式为：

```
    if(表达式1)
        语句1;
    else if(表达式2)
        语句2;
    else if(表达式3)
        语句3;
        …
    else if(表达式m)
        语句m;
    else
        语句n;
```

其语义是：依次判断表达式的值，当出现某个值为真时，则执行其对应的语句，然后跳到整个if语句之外继续执行程序。如果所有的表达式均为假，则执行语句n，然后继续执行后续程序。

在使用if语句中还应注意以下问题:

1.在三种形式的if语句中，在if关键字之后均为表达式。该表达式通常是逻辑表达式或关系表达式，但也可以是其他表达式，如赋值表达式等，甚至也可以是一个变量。

例如：

if(a-5) 语句；

if(b) 语句；

都是允许的。只要表达式的值为非0，即为"真"。

如在：

if(a=5)…;

其中表达式的值永远为非0，所以其后的语句总是要执行的，当然这种情况在程序中不一定会出现，但在语法上是合法的。

又如，有程序段：

```
    if(a=b)
    printf("%d",a);
    else
    printf("a=0");
```

本语句的语义是，把b值赋予a，如为非0则输出该值，否则输出"a=0"字符串。这种用法在程序中是经常出现的。

2. 在if语句中，条件判断表达式必须用括号括起来，在语句之后必须加分号。

3. 在if语句的三种形式中，所有的语句应为单个语句，如果想在满足条件时执行一组(多个)语句，则必须把这一组语句用{}括起来组成一个复合语句。但要注意的是，在}之后不能再加分号。

例如：

```
if(a>b)
    {a++;
     b++;}
else
    {a=0;
     b=10;}
```

2.4 if语句的嵌套

当if语句中的执行语句又是if语句时，则构成了if语句嵌套的情形，其一般形式可表示如下：

```
if(表达式)
    if语句;
```

或者为

```
if(表达式)
    if语句;
else
    if语句;
```

在嵌套内的if语句可能又是if-else型的，这将会出现多个if和多个else重叠的情况，这时要特别注意if和else的配对问题。

例如：

```
if(表达式1)
    if(表达式2)
        语句1;
else
    语句2;
```

其中的else究竟是与哪一个if配对呢？

应该理解为：

```
if(表达式1)
    if(表达式2)
        语句1;
else
        语句2;
```

还是应理解为：

```
if(表达式1)
    if(表达式2)
        语句1;
```

```
else
    语句2;
```

为了避免这种两义性，C语言规定，else总是与它前面最近的if配对，因此对上述例子应按前一种情况理解。在一般情况下较少使用if语句的嵌套结构，以使程序更便于阅读理解。

2.5 switch语句

C语言还提供了另一种用于多分支选择的switch语句，其一般形式为：
```
switch(表达式){
    case常量表达式1：  语句1;
    case常量表达式2：  语句2;
    …
    case常量表达式n：  语句n;
    default       ：  语句n+1;
}
```

其语义是：计算表达式的值，并逐个与其后的常量表达式值相比较。当表达式的值与某个常量表达式的值相等时，即执行其后的语句，然后不再进行判断，继续执行后面所有case后的语句。如表达式的值与所有case后的常量表达式均不相同时，则执行default后的语句。

【例2.3】
```
main(){
    int a;
    printf("input integer number:      ");
    scanf("%d",&a);
    switch (a){
     case 1:printf("Monday\n");
     case 2:printf("Tuesday\n");
     case 3:printf("Wednesday\n");
     case 4:printf("Thursday\n");
     case 5:printf("Friday\n");
     case 6:printf("Saturday\n");
     case 7:printf("Sunday\n");
     default:printf("error\n");
    }
}
```

本程序是要求输入一个数字，输出一个英文单词。但是当输入3之后，却执行了case3以及以后的所有语句，输出了Wednesday及以后的所有单词。这当然是不希望的。为什么会出现这种情况呢?这恰恰反应了switch语句的一个特点。在switch语句中，"case 常量表达式"只相当于一个语句标号，表达式的值和某标号相等，则转向该标号执行，但不能在执行完该标号的语句后自动跳出整个switch语句，所以出现了继续执行所有后面case语句的情况。这是与前面介绍的if语句完全不同的，应特别注意。为了避免上述情况，C语言还提供了一种break语句，专用于跳出switch语句。break语句只有关键字break，没有参数。在后面还将详细介绍。修改例题的程序，在每一个case语句之后增加break语句，使每一次执行之后均可跳出switch语句，从而避免输出不应有的结果。

【例2.4】

```
main(){
    int a;
    printf("input integer number:    ");
    scanf("%d",&a);
    switch (a){
      case 1:printf("Monday\n");break;
      case 2:printf("Tuesday\n"); break;
      case 3:printf("Wednesday\n");break;
      case 4:printf("Thursday\n");break;
      case 5:printf("Friday\n");break;
      case 6:printf("Saturday\n");break;
      case 7:printf("Sunday\n");break;
      default:printf("error\n");break;
    }
}
```

在使用switch语句时还应注意以下几点：

1)在case后的各常量表达式的值不能相同，否则会出现错误。

2)在case后，允许有多个语句，可以不用{}括起来。

3)各case和default子句的先后顺序可以变动，而不会影响程序执行结果。

4)default子句可以省略不用。

2.6 循环控制

循环结构是程序中一种很重要的结构。其特点是，在给定条件成立时，反复执行某程序段，直到条件不成立为止。给定的条件称为循环条件，反复执行的程序段称为循环体。C语言提供了多种循环语句，可以组成各种不同形式的循环结构。

1)用goto语句和if语句构成循环；

2)用while语句；

3)用do-while语句；

4)用for语句；

2.6.1 goto语句以及用goto语句构成循环

goto语句是一种无条件转移语句，与BASIC中的goto语句相似。goto语句的使用格式为：

goto 语句标号；

其中标号是一个有效的标识符，这个标识符加上一个"；"一起出现在函数内某处，执行goto语句后，程序将跳转到该标号处并执行其后的语句。另外标号必须与goto语句同处于一个函数中，但可以不在一个循环层中。通常goto语句与if条件语句连用，当满足某一条件时，程序跳到标号处运行。

goto语句通常不用，主要因为它将使程序层次不清，且不易读，但在多层嵌套退出时，用goto语句则比较合理。

【例2.5】用goto语句和if语句构成循环，求1+2+3+…+100的和。

```
main()
{
    int i,sum=0;
    i=1;
loop:if(i<=100)
    {
        sum=sum+i;
        i++;
        goto loop;
    }
    printf("%d\n",sum);
}
```

2.6.2 while语句

while语句的一般形式为：

while(表达式)语句

其中表达式是循环条件，语句为循环体。

while语句的语义是：计算表达式的值，当值为真(非0)时，执行循环体语句。

【例2.6】用while语句求1+2+3+…+100的和。

```
main()
{
    int i,sum=0;
    i=1;
    while(i<=100)
    {
        sum=sum+i;
        i++;
    }
    printf("%d\n",sum);
}
```

使用while语句时应注意：while语句中的表达式一般是关系表达式或逻辑表达式，只要表达式的值为真(非0)即可继续循环，循环体如包括有一个以上的语句，则必须用{}括起来，组成复合语句。

2.6.3 do-while语句

do-while语句的一般形式为：

```
do
  语句
  while(表达式);
```

这个循环与while循环的不同在于：它先执行循环中的语句，然后再判断表达式是否为真，如果为真则继续循环；如果为假，则终止循环。因此，do-while循环至少要执行一次循环语句。

【例2.7】用do-while语句求1+2+3+…+100的和。

```
main()
{
    int i,sum=0;
    i=1;
    do
    {
        sum=sum+i;
        i++;
    }
    while(i<=100);
    printf("%d\n",sum);
}
```

同样，当有许多语句参加循环时，要用"{"和"}"把它们括起来。

2.6.4 for语句

在C语言中，for语句使用最为灵活，它完全可以取代while语句。它的一般形式为：

for(表达式1；表达式2；表达式3) 语句

它的执行过程如下：

1)先求解表达式1。

2)求解表达式2，若其值为真（非0），则执行for语句中指定的内嵌语句，然后执行下面第3步；若其值为假（0），则结束循环，转到第5步。

3)求解表达式3。

4)转回上面第2步继续执行。

5)循环结束，执行for语句下面的一个语句。

for语句最简单的应用形式也是最容易理解的形式如下：

for(循环变量赋初值；循环条件；循环变量增量) 语句

循环变量赋初值总是一个赋值语句，它用来给循环控制变量赋初值。循环条件是一个关系表达式，它决定什么时候退出循环。循环变量增量，定义循环控制变量每循环一次后按什么方式变化。这三个部分之间用";"分开。

例如：

for(i=1;i<=100;i++) sum=sum+i;

先给i赋初值1，判断i是否小于等于100，若是则执行语句，之后值增加1。再重新判断，直到条件为假，即i>100时，结束循环。

相当于：

```
i=1;
while (i<=100)
{
```

```
        sum=sum+i;
        i++;
}
```

对于for循环中语句的一般形式，就是如下的while循环形式：

表达式1；

while（表达式2）

{

　　语句

　　表达式3；

}

使用for循环时注意以下几点:

1）for循环中的"表达式1（循环变量赋初值）"、"表达式2(循环条件)"和"表达式3(循环变量增量)"都是选择项，即可以缺省，但";"不能缺省。

2）省略了"表达式1（循环变量赋初值）"，表示不对循环控制变量赋初值。

3）省略了"表达式2(循环条件)"，则不做其他处理时便成为死循环。

例如：

for(i=1;;i++)sum=sum+i;

相当于：

i=1;

while(1)

{

　　sum=sum+i;

　　i++;

}

4）省略了"表达式3(循环变量增量)."，则不对循环控制变量进行操作，这时可在语句体中加入修改循环控制变量的语句。

例如：

for(i=1;i<=100;)

{

　　sum=sum+i;

　　i++;

}

5）省略了"表达式1（循环变量赋初值）"和"表达式3(循环变量增量)"。

例如：

for(;i<=100;)

{

　　sum=sum+i;

　　i++;

}

相当于：

while(i<=100)

```
    {
        sum=sum+i;
        i++;
    }
```

6) 3个表达式都可以省略。

例如：

for(;;)语句

相当于：

while(1)语句

7) 表达式1可以是设置循环变量的初值的赋值表达式，也可以是其他表达式。

例如：

```
for(sum=0;i<=100;i++)
    sum=sum+i;
```

8) 表达式1和表达式3可以是一个简单表达式也可以是逗号表达式。

```
for(sum=0, i=1;i<=100;i++)
    sum=sum+i;
```

或：

```
for(i=0, j=100;i<=100;i++, j--)
    k=i+j;
```

9) 表达式2一般是关系表达式或逻辑表达式，但也可以是数值表达式或字符表达式，只要其值非零，就执行循环体。

例如：

```
for(i=0;(c=getchar())!=' \n' ;i+=c);
```

又如：

```
for(;(c=getchar())!=' \n' ;)
    printf( "%c",c);
```

2.6.5 循环的嵌套

【例2.8】

```
main()
{
    int i, j, k;
    printf("i j k\n");
    for (i=0; i<2; i++)
        for(j=0; j<2; j++)
            for(k=0; k<2; k++)
                printf( "%d %d %d\n", i, j, k);
}
```

2.6.6 几种循环的比较

1) 四种循环都可以用来处理同一个问题，一般可以互相代替。但一般不提倡用goto型循环。

2) while和do-while循环，循环体中应包括使循环趋于结束的语句,for语句功能最强。

3)用while和do-while循环时，循环变量初始化的操作应在while和do-while语句之前完成，而for语句可以在表达式1中实现循环变量的初始化。

2.7 break语句

break语句通常用在循环语句和开关语句中。当break用于开关语句switch中时，可使程序跳出switch而执行switch以后的语句。如果没有break语句，则将成为一个死循环而无法退出。break在switch中的用法已在前面介绍开关语句时的例子中说到，这里不再举例。

当break语句用于do-while、for、while循环语句中时，可使程序终止循环而执行循环后面的语句，通常break语句总是与if语句联在一起，即满足条件时便跳出循环。

【例2.9】
```
main()
{
    for(int i=0;;i++){
    if(i>100) /*如果i大于100，就退出for循环*/
        break;
    printf("%d",i);
    }
    printf("The end");
}
```
需要注意以下两点：
1)break语句对if-else的条件语句不起作用。
2)在多层循环中，一个break语句只向外跳一层。

2.8 continue语句

continue语句的作用是跳过循环体中剩余的语句而强行执行下一次循环。continue语句只用在for、while、do-while等循环体中，常与if条件语句一起使用，用来加速循环。

【例2.10】
```
main()
{
    for(int i=0;i<200;i++){
        if(i==100) /*如果i等于100，就不执行printf("%d",i);语句，立刻执行下次循环*/
            continue;
        printf("%d",i);
    }
    printf("The end");
}
```

小结：
　　本章学习了三种程序设计结构：顺序结构、分支结构（if语句）、循环结构（while，do-while语句），这三种结构组合成了一个个源程序。熟练掌握这些基本程序设计结构语法知识，有利于我们构造一个个复杂的源程序。巧妙地使用分支结构和循环结构可以构造代码精简的算法，但是通常需要非常严谨的逻辑思维。在下一章节中我们将会学习数组、函数、指针的用法。

 第三章

数组、函数、指针

在程序设计中，为了处理方便，需要把具有相同类型的若干变量按有序的形式组织起来。这些按序排列的同类数据元素的集合称为数组。在 C 语言中，数组属于构造数据类型。一个数组可以分解为多个数组元素，这些数组元素可以是基本数据类型或是构造类型。因此按数组元素的类型不同，数组又可分为数值数组、字符数组、指针数组、结构数组等各种类别。本章介绍数值数组和字符数组，其余的将在以后各章陆续介绍。

3.1 一维数组的定义

在 C 语言中使用数组必须先进行定义。

一维数组的定义方式为：

类型说明符　数组名　［常量表达式］；

其中：

类型说明符是任一种基本数据类型或构造数据类型。

数组名是用户定义的数组标识符。

方括号中的常量表达式表示数据元素的个数，也称为数组的长度。

例如：

```
int a[10];              说明整型数组a,有10个元素。
float b[10],c[20];      说明实型数组b,有10个元素,实型数组c,有20个元素。
char ch[20];            说明字符数组ch,有20个元素。
```

对于数组类型说明应注意以下几点：

1)数组的类型实际上是指数组元素的取值类型。对于同一个数组，其所有元素的数据类型都是相同的。

2)数组名的书写规则应符合标识符的书写规定。

3)数组名不能与其他变量名相同。

例如：

```
main()
{
    int a;
    float a[10];
```

```
    ......
    }
```
是错误的。

4) 方括号中的常量表达式表示数组元素的个数，如a[5]表示数组a有5个元素。但是其下标从0开始计算，因此5个元素分别为a[0]，a[1]，a[2]，a[3]，a[4]。

5) 不能在方括号中用变量来表示元素的个数，但是可以是符号常数或常量表达式。

例如：

```
#define FD 5
main()
{
    int a[3+2],b[7+FD];
    ......
}
```
是合法的。

但是下述说明方式在C语言中是错误的：

```
main()
{
    int n=5;
    int a[n];
    ......
}
```

6) 允许在同一个类型说明中，说明多个数组和多个变量。

例如：

```
int a,b,c,d,k1[10],k2[20];
```

3.2 一维数组元素的引用

数组元素是组成数组的基本单元。数组元素也是一种变量，其标识方法为：数组名后，跟一个下标。下标表示了元素在数组中的顺序号。

数组元素的一般形式为：

数组名[下标]

其中下标只能为整型常量或整型表达式。如为小数时，C编译将自动取整。

例如：

```
a[5]
a[i+j]
a[i++]
```

都是合法的数组元素。

数组元素通常也称为下标变量。必须先定义数组，才能使用下标变量。在C语言中只能逐个地使用下标变量，而不能一次引用整个数组。

例如，输出有10个元素的数组必须使用循环语句逐个输出各下标变量：

for(i=0; i<10; i++)

```
        printf("%d",a[i]);
```
而不能用一个语句输出整个数组。

下面的写法是错误的：
```
        printf("%d",a);
```
【例3.1】
```
main()
{
    int i,a[10];
    for(i=0;i<10;)
        a[i++]=2*i+1;
    for(i=0;i<=9;i++)
        printf("%d ",a[i]);
    printf("\n%d %d\n",a[5.2],a[5.8]);
}
```
本例中用一个循环语句给a数组各元素送入奇数值，然后用第二个循环语句输出各个奇数。在第一个for语句中，表达式3(循环变量)省略了。在下标变量中使用了表达式i++,用以修改循环变量。当然，第二个for语句也可以这样做，C语言允许用表达式表示下标。程序中最后一个printf语句输出了两次a[5]的值，可以看出当下标不为整数时将自动取整。

3.3 一维数组的初始化

给数组赋值的方法除了用赋值语句对数组元素逐个赋值外，还可采用初始化赋值和动态赋值的方法。

数组初始化赋值是指在数组定义时给数组元素赋予初值。数组初始化是在编译阶段进行的。这样将减少运行时间，提高效率。

初始化赋值的一般形式为：

类型说明符　数组名[常量表达式]={值，值……值};

其中在{}中的各数据值即为各元素的初值，各值之间用逗号间隔。

例如：
```
        int a[10]={0,1,2,3,4,5,6,7,8,9};
        相当于a[0]=0;a[1]=1……a[9]=9;
```

C语言对数组的初始化赋值还有以下几点规定：

1)可以只给部分元素赋初值。

当{}中值的个数少于元素个数时，只给前面部分元素赋值。

例如：
```
        int a[10]={0,1,2,3,4};
```
表示只给a[0]~a[4]5个元素赋值，而后5个元素自动赋0值。

2)只能给元素逐个赋值，不能给数组整体赋值。

例如，给十个元素全部赋1值，只能写为：
```
        int a[10]={1,1,1,1,1,1,1,1,1,1};
```
而不能写为：
```
        int a[10]=1;
```

3）如给全部元素赋值，则在数组说明中，可以不给出数组元素的个数。

例如：

```
int a[5]={1,2,3,4,5};
```

可写为：

```
int a[]={1,2,3,4,5};
```

3.4 二维数组的定义

前面介绍的数组只有一个下标，称为一维数组，其数组元素也称为单下标变量。在实际问题中有很多量是二维的或多维的，因此C语言允许构造多维数组。多维数组元素有多个下标，以标识它在数组中的位置，所以也称为多下标变量。本小节只介绍二维数组，多维数组可由二维数组类推而得到。

二维数组定义的一般形式是：

类型说明符　数组名[常量表达式1][常量表达式2]

其中常量表达式1表示第一维下标的长度，常量表达式2表示第二维下标的长度。

例如：

```
int a[3][4];
```

说明了一个三行四列的数组，数组名为a，其下标变量的类型为整型。该数组的下标变量共有3×4个，即：

a[0][0],a[0][1],a[0][2],a[0][3]

a[1][0],a[1][1],a[1][2],a[1][3]

a[2][0],a[2][1],a[2][2],a[2][3]

二维数组在概念上是二维的，即是说其下标在两个方向上变化，下标变量在数组中的位置也处于一个平面之中，而不是像一维数组只是一个向量。但是，实际的硬件存储器却是连续编址的，也就是说，存储器单元是按一维线性排列的。如何在一维存储器中存放二维数组，可有两种方式：一种是按行排列，即放完一行之后顺次放入第二行；另一种是按列排列，即放完一列之后再顺次放入第二列。在C语言中，二维数组是按行排列的，即先存放a[0]行，再存放a[1]行，最后存放a[2]行。每行中有四个元素也是依次存放。由于数组a说明为int类型，该类型占两个字节的内存空间，所以每个元素均占有两个字节。

3.5 二维数组元素的引用

二维数组的元素也称为双下标变量，其表示的形式为：

数组名[下标][下标]

其中下标应为整型常量或整型表达式。

例如：

```
a[3][4]
```

表示a数组三行四列的元素。

下标变量和数组说明在形式中有些相似，但这两者具有完全不同的含义。数组说明的方括号中给出的是某一维的长度，即可取下标的最大值；而数组元素中的下标是该元素在数组中的位置标识。前者只能是常量，后者可以是常量、变量或表达式。

3.6 二维数组的初始化

二维数组初始化也是在类型说明时给各下标变量赋以初值。二维数组可按行分段赋值，也可按行连续赋值。

例如对数组a[5][3]:

1)按行分段赋值可写为:

int a[5][3]={{80, 75, 92}, {61, 65, 71}, {59, 63, 70}, {85, 87, 90}, {76, 77, 85}};

2)按行连续赋值可写为:

int a[5][3]={80, 75, 92, 61, 65, 71, 59, 63, 70, 85, 87, 90, 76, 77, 85};

这两种赋初值的结果是完全相同的。

对于二维数组初始化赋值还有以下说明:

1)可以只对部分元素赋初值，未赋初值的元素自动取0值。

例如:

int a [3][3]={{0, 1}, {0, 0, 2}, {3}};

是对每一行的第一列元素赋值，未赋值的元素取0值。赋值后各元素的值为:

0 1 0

0 0 2

3 0 0

2)如对全部元素赋初值，则第一维的长度可以不给出。

例如:

int a[3][3]={1, 2, 3, 4, 5, 6, 7, 8, 9};

可以写为:

int a[][3]={1, 2, 3, 4, 5, 6, 7, 8, 9};

3)数组是一种构造类型的数据。二维数组可以看作是由一维数组的嵌套而构成的。设一维数组的每个元素又是一个数组，就构成了二维数组。当然，前提是各元素类型必须相同。根据这样的分析，一个二维数组也可以分解为多个一维数组。C语言允许这种分解。如二维数组a[3][4]，可分解为三个一维数组，其数组名分别为：a[0]，a[1]，a[2]。对这三个一维数组不需另作说明即可使用。这三个一维数组都有4个元素，例如：一维数组a[0]的元素为a[0][0]，a[0][1]，a[0][2]，a[0][3]。必须强调的是，a[0]，a[1]，a[2]不能当做下标变量使用，它们是数组名，不是一个单纯的下标变量。

3.7 字符数组

用来存放字符量的数组称为字符数组。

3.7.1 字符数组的定义

形式与前面介绍的数值数组相同。

例如:

char c[10];

由于字符型和整型通用，也可以定义为int c[10]，但这时每个数组元素占2个字节的内存单元。

字符数组也可以是二维或多维数组。

例如：
    char c[5][10];
即为二维字符数组。

3.7.2 字符数组的初始化

字符数组也允许在定义时作初始化赋值。

例如：

    char c[9]={'c', '', 'p', 'r', 'o', 'g', 'r', 'a'};

其中c[8]未赋值，系统自动赋予0值。

当对全体元素赋初值时也可以省去长度说明。

例如：

    char c[]={'c', '', 'p', 'r', 'o', 'g', 'r', 'a'};

这时C数组的长度自动定为8。

3.7.3 字符数组的引用

【例3.2】
```
main()
{
    int i,j;
    char a[][5]={{'B', 'A', 'S', 'I', 'C',},{'d', 'B', 'A', 'S', 'E'}};
    for(i=0;i<=1;i++)
    {
        for(j=0;j<=4;j++)
            printf("%c",a[i][j]);
        printf("\n");
    }
}
```
本例的二维字符数组由于在初始化时全部元素都赋以初值，因此一维下标的长度可以不加以说明。

3.8 字符串和字符串结束标志

在C语言中没有专门的字符串变量，通常用一个字符数组来存放一个字符串，字符串总是以'\0'作为串的结束符。因此当把一个字符串存入一个数组时，也把结束符'\0'存入数组，并以此作为该字符串是否结束的标志。有了'\0'标志后，就不必再用字符数组的长度来判断字符串的长度了。

C语言允许用字符串的方式对数组作初始化赋值。

例如：

    char c[]={'c', '', 'p', 'r', 'o', 'g', 'r', 'a', 'm'};

可写为：

    char c[]={"C program"};

或去掉{}写为：

char c[]="C program";

用字符串方式赋值比用字符逐个赋值要多占一个字节，用于存放字符串结束标志 '\0'。上面的数组c在内存中的实际存放情况为：

| C | | p | r | o | g | r | a | m | | \0 |

'\0'是由C编译系统自动加上的。由于采用了 '\0'标志，所以在用字符串赋初值时一般无须指定数组的长度，而由系统自行处理。

3.9 函数概述

前面已经介绍过，C程序是由函数组成的。虽然在前面各章的程序中大都只有一个主函数main()，但实用程序往往由多个函数组成。函数是C程序的基本模块，通过对函数模块的调用实现特定的功能。C语言中的函数相当于其他高级语言的子程序。C语言不仅提供了极为丰富的库函数，还允许用户建立自己定义的函数。用户可把自己的算法编成一个个相对独立的函数模块，然后用调用的方法来使用函数。可以说C程序的全部工作都是由各式各样的函数完成的，所以也把C语言称为函数式语言。

由于采用了函数模块式的结构，C语言易于实现结构化程序设计，这样使程序的层次结构清晰，便于程序的编写、阅读、调试。

在C语言中可从不同的角度对函数分类。

①从函数定义的角度看，函数可分为库函数和用户定义函数两种。

1）库函数：由C系统提供，用户无须定义，也不必在程序中作类型说明，只需在程序前包含有该函数原型的头文件即可在程序中直接调用。在前面各章的例题中用到printf、scanf、getchar等函数均属此类。

2）用户定义函数：即由用户按需要写的函数。对于用户自定义函数，不仅要在程序中定义函数本身，而且在主调函数模块中还必须对该被调函数进行类型说明，然后才能使用。

②C语言的函数兼有其他语言中的函数和过程两种功能，从这个角度看，又可把函数分为有返回值函数和无返回值函数两种。

1）有返回值函数：此类函数被调用执行完后将向调用者返回一个执行结果，称为函数返回值。如数学函数即属于此类函数。由用户定义的这种要返回函数值的函数，必须在函数定义和函数说明中明确返回值的类型。

2）无返回值函数：此类函数用于完成某项特定的处理任务，执行完成后不向调用者返回函数值。这类函数类似于其他语言的过程。由于函数无须返回值，用户在定义此类函数时可指定它的返回为"空类型"，空类型的说明符为"void"。

③从主调函数和被调函数之间数据传送的角度看又可分为无参函数和有参函数两种。

1）无参函数：即函数定义、函数说明及函数调用中均不带参数。主调函数和被调函数之间不进行参数传送。此类函数通常用来完成一组指定的功能，可以返回或不返回函数值。

2）有参函数：也称为带参函数。在函数定义及函数说明时都有参数，称为形式参数（简称为形参）。在函数调用时也必须给出参数，称为实际参数（简称为实参）。进行函数调用时，主调函数将把实参的值传送给形参，供被调函数使用。

3. C语言提供了极为丰富的库函数，这些库函数又可从功能角度作以下分类。

1)字符类型分类函数：用于对字符按ASCII码分类，如字母、数字、控制字符、分隔符、大小写字母等。

2)转换函数：用于字符或字符串的转换，如在字符量和各类数字量(整型，实型等)之间进行转换；在大、小写之间进行转换。

3)目录路径函数：用于文件目录和路径操作。

4)诊断函数：用于内部错误检测。

5)图形函数：用于屏幕管理和各种图形功能。

6)输入输出函数：用于完成输入输出功能。

7)接口函数：用于与DOS，BIOS和硬件的接口。

8)字符串函数：用于字符串操作和处理。

9)内存管理函数：用于内存管理。

10)数学函数：用于数学函数计算。

11)日期和时间函数：用于日期，时间转换操作。

12)进程控制函数：用于进程管理和控制。

13)其他函数：用于其它各种功能。

以上各类函数不仅数量多，而且有的还需要硬件知识才会使用，因此要想全部掌握则需要一个较长的学习过程。应首先掌握一些最基本、最常用的函数，再逐步深入。由于课时关系，我们只介绍了很少一部分库函数，其余部分，读者可根据需要查阅有关手册。

还应该指出的是，在C语言中，所有的函数定义，包括主函数main在内，都是平行的。也就是说，在一个函数的函数体内，不能再定义另一个函数，即不能嵌套定义。但是函数之间允许相互调用，也允许嵌套调用。习惯上把调用者称为主调函数。函数还可以自己调用自己，称为递归调用。

main函数是主函数，它可以调用其他函数，而不允许被其他函数调用。因此，C程序的执行总是从main函数开始，完成对其他函数的调用后再返回到main函数，最后由main函数结束整个程序。一个C程序必须有且只能有一个主函数main。

3.10 函数定义的一般形式

1. 无参函数的定义形式

类型标识符函数名()

{

      声明部分

      语句

}

其中，类型标识符和函数名称为函数头。类型标识符指明了本函数的类型，函数的类型实际上是函数返回值的类型。该类型标识符与前面介绍的各种说明符相同。函数名是由用户定义的标识符，函数名后有一个空括号，其中无参数，但括号不可少。

{}中的内容称为函数体。在函数体中声明部分，是对函数体内部所用到的变量类型的说明。

在很多情况下都不要求无参函数有返回值，此时函数类型符可以写为void。

我们可以改写一个函数定义：

void Hello()

{

```
        printf ("Hello,world \n");
    }
```

这里，只把main改为Hello作为函数名，其余不变。Hello函数是一个无参函数，当被其他函数调用时，输出Hello world字符串。

2.有参函数定义的一般形式

类型标识符　　函数名(形式参数表列)
```
    {
        声明部分
        语句
    }
```

有参函数比无参函数多了一个内容，即形式参数表列。在形参表中给出的参数称为形式参数，它们可以是各种类型的变量，各参数之间用逗号间隔。在进行函数调用时，主调函数将赋予这些形式参数实际的值。形参既然是变量，那么必须在形参表中给出形参的类型说明。

例如：定义一个函数，用于求两个数中的大数，可写为：
```
int max(int a, int b)
{
    if (a>b) return a;
    else return b;
}
```

第一行说明max函数是一个整型函数，其返回的函数值是一个整数。形参为a，b，均为整型量。a，b的具体值是由主调函数在调用时传送过来的。在{}中的函数体内，除形参外没有使用其他变量，因此只有语句而没有声明部分。在max函数体中的return语句是把a(或b)的值作为函数的值返回给主调函数。有返回值函数中至少应有一个return语句。

在C程序中，一个函数的定义可以放在任意位置，既可放在主函数main之前，也可放在main之后。

例如：可把max函数置在main之后，也可以把它放在main之前。修改后的程序如下所示。

【例3.3】
```
int max(int a,int b)
{
    if(a>b)return a;
    else return b;
}
main()
{
    int max(int a,int b);
    int x,y,z;
    printf("input two numbers:\n");
    scanf("%d%d",&x,&y);
    z=max(x,y);
    printf("maxmum=%d",z);
}
```

现在我们可以从函数定义、函数说明及函数调用的角度来分析整个程序，从中进一步了解函数的各种特点。

程序的第1行至第5行为max函数定义。进入主函数后，因为准备调用max函数，故先对max函数进行说明(程序第8行)。函数定义和函数说明并不是一回事，在后面还要专门讨论。可以看出函数说明与函数定义中的函数头部分相同，但是末尾要加分号。程序第12行为调用max函数，并把x、y中的值传送给max的形参a、b。max函数执行的结果(a或b)将返回给变量z。最后由主函数输出z的值。

3.11函数的参数和函数的值

3.11.1 形式参数和实际参数

前面已经介绍过，函数的参数分为形参和实参两种。在本小节中，进一步介绍形参、实参的特点和两者的关系。形参出现在函数定义中，在整个函数体内都可以使用，离开该函数则不能使用。实参出现在主调函数中，进入被调函数后，实参变量也不能使用。形参和实参的功能是作数据传送。发生函数调用时，主调函数把实参的值传送给被调函数的形参，从而实现主调函数向被调函数的数据传送。

函数的形参和实参具有以下特点：

1.形参变量只有在被调用时才分配内存单元，在调用结束时，即刻释放所分配的内存单元。因此，形参只有在函数内部有效。函数调用结束返回主调函数后则不能再使用该形参变量。

2.实参可以是常量、变量、表达式、函数等，无论实参是何种类型的量，在进行函数调用时，它们都必须具有确定的值，以便把这些值传送给形参。因此应预先用赋值、输入等办法使实参获得确定值。

3.实参和形参在数量上，类型上，顺序上应严格一致，否则会发生类型不匹配的错误。

4.函数调用中发生的数据传送是单向的，即只能把实参的值传送给形参，而不能把形参的值反向地传送给实参。因此在函数调用过程中，形参的值发生改变，而实参中的值不会变化。

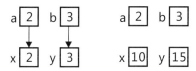

【例3.4】可以说明这个问题。

```
main()
{
    int n;
    printf("input number\n");
    scanf("%d",&n);
    s(n);
    printf("n=%d\n",n);
}
int s(int n)
{
    int i;
    for(i=n-1;i>=1;i--)
```

```
        n=n+i;
    printf("n=%d\n",n);
}
```

本程序中定义了一个函数s，该函数的功能是求∑ni的值。在主函数中输入n值，并作为实参，在调用时传送给s函数的形参量n(注意，本例的形参变量和实参变量的标识符都为n，但这是两个不同的量，各自的作用域不同)。在主函数中用printf语句输出一次n值，这个n值是实参n的值。在函数s中也用printf语句输出了一次n值，这个n值是形参最后取得的n值0。从运行情况看，输入n值为100，即实参n的值为100。把此值传给函数s时，形参n的初值也为100，在执行函数过程中，形参n的值变为5050。返回主函数之后，输出实参n的值仍为100。可见实参的值不随形参的变化而变化。

3.11.2 函数的返回值

函数的值是指函数被调用之后，执行函数体中的程序段所取得的并返回给主调函数的值。如调用正弦函数取得正弦值，调用例3.3的max函数取得的最大数等。对函数的值(或称函数返回值)有以下一些说明：

1. 函数的值只能通过return语句返回主调函数。在函数中允许有多个return语句，但每次调用只能有一个return语句被执行，因此只能返回一个函数值。

2. 函数值的类型和函数定义中函数的类型应保持一致。如果两者不一致，则以函数类型为准，自动进行类型转换。

3. 如函数值为整型，在函数定义时可以省去类型说明。

4. 不返回函数值的函数，可以明确定义为"空类型"，类型说明符为"void"。如例3.4中函数s并不向主函数返函数值，因此可定义为：

```
void s(int n)
{
    ……
}
```

一旦函数被定义为空类型后，就不能在主调函数中使用被调函数的函数值了。例如：在定义s为空类型后，在主函数中写下述语句：

```
sum=s(n);
```

就是错误的。

为了使程序有良好的可读性并减少出错，凡不要求返回值的函数都应定义为空类型。

3.12 函数的调用

3.12.1 函数调用的一般形式

前面已经说过，在程序中是通过对函数的调用来执行函数体的，其过程与其他语言的子程序调用相似。

C语言中，函数调用的一般形式为：

函数名(实际参数表)

对无参函数调用时则无实际参数表。实际参数表中的参数可以是常数，变量或其他构造类型数据及表达式。各实参之间用逗号分隔。

3.12.2 函数调用的方式

在C语言中，可以用以下几种方式调用函数：

1.函数表达式：函数作为表达式中的一项出现在表达式中，以函数返回值参与表达式的运算。这种方式要求函数是有返回值的。例如：z=max(x,y)是一个赋值表达式，把max的返回值赋予变量z。

2.函数语句：函数调用的一般形式加上分号即构成函数语句。例如：

printf ("%d",a);

scanf ("%d",&b);

都是以函数语句的方式调用函数。

3.函数实参：即函数作为另一个函数调用的实际参数出现。这种情况是把该函数的返回值作为实参进行传送，因此要求该函数必须是有返回值的。例如：

printf("%d",max(x,y));

即是把max调用的返回值又作为printf函数的实参来使用的。在函数调用中还应该注意的一个问题是求值顺序的问题。所谓求值顺序是指对实参表中各量是自左至右使用呢，还是自右至左使用。对此，各系统的规定不一定相同。介绍printf 函数时已提到过，这里从函数调用的角度再强调一下。

【例3.5】

```
main()
{
    int i=8;
    printf("%d\n%d\n%d\n%d\n",++i,--i,i++,i--);
}
```

如按照从右至左的顺序求值，运行结果应为：8，7，7，8。

如对printf语句中的++i，--i，i++，i--从左至右求值，结果应为：9，8，8，9。

应特别注意的是，无论是从左至右求值，还是自右至左求值，其输出顺序都是不变的，即输出顺序总是和实参表中实参的顺序相同。由于Turbo C规定是自右至左求值，所以结果为8，7，7，8。上述问题如还不理解，上机一试就明白了。

3.12.3 被调用函数的声明和函数原型

在主调函数中调用某函数之前应对该被调函数进行说明（声明），这与使用变量之前要先进行变量说明是一样的。在主调函数中对被调函数作说明的目的是使编译系统知道被调函数返回值的类型，以便在主调函数中按此种类型对返回值作相应的处理。

其一般形式为：

　　　　类型说明符被　调函数名(类型形参，类型形参…);

或为：

　　　　类型说明符被　调函数名(类型，类型…);

括号内给出了形参的类型和形参名，或只给出形参类型。这便于编译系统进行检错，以防止可能出现的错误。

例3.3main函数中对max函数的说明为：

　　　　int max(int a,int b);

或写为：

```
    int max(int,int);
```
C语言中又规定在以下几种情况时可以省去主调函数中对被调函数的函数说明：

1)如果被调函数的返回值是整型或字符型时，可以不对被调函数作说明，而直接调用。这时系统将自动对被调函数返回值按整型处理。例3.4的主函数中未对函数s作说明而直接调用即属此种情形。

2)当被调函数的函数定义出现在主调函数之前时，在主调函数中也可以不对被调函数再作说明而直接调用。例如例3.3中函数max的定义放在main函数之前，因此可在main函数中省去对max函数的函数说明int max(int a, int b)。

3)如在所有函数定义之前，在函数外预先说明了各个函数的类型，则在以后的各主调函数中，可不再对被调函数作说明。例如：

```
    char str(int a);
    float f(float b);
    main()
    {
        ……
    }
    char str(int a)
    {
        ……
    }
    float f(float b)
    {
        ……
    }
```

其中第一、二行对str函数和f函数预先作了说明，因此在以后各函数中无须对str和f函数再作说明就可直接调用。

4)对库函数的调用不需要再作说明，但必须把该函数的头文件用include命令包含在源文件前部。

3.12.4 函数的嵌套调用

C语言中不允许作嵌套的函数定义。因此各函数之间是平行的，不存在上一级函数和下一级函数的问题。但是C语言允许在一个函数的定义中出现对另一个函数的调用，这样就出现了函数的嵌套调用。即在被调函数中又调用其他函数。这与其他语言的子程序嵌套的情形是类似的。其关系可表示如图。

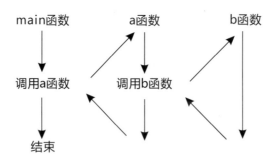

上页图表示了两层嵌套的情形。其执行过程是：执行main函数中调用a函数的语句时，即转去执行a函数，在a函数中调用b函数时，又转去执行b函数，b函数执行完毕返回a函数的断点继续执行，a函数执行完毕返回main函数的断点继续执行。

3.12.5 函数的递归调用

一个函数在它的函数体内调用它自身，称为递归调用，这种函数称为递归函数。C语言允许函数的递归调用。在递归调用中，主调函数又是被调函数。执行递归函数将反复调用其自身，每调用一次就进入新的一层。

例如有函数f如下：

```
int f(int x)
{
    int y;
    z=f(y);
    return z;
}
```

这个函数是一个递归函数。但是运行该函数将无休止地调用其自身，这当然是不正确的。为了防止递归调用无终止地进行，必须在函数内有终止递归调用的手段。常用的办法是加条件判断，满足某种条件后就不再作递归调用，然后逐层返回。下面举例说明递归调用的执行过程。

【例3.6】用递归法计算n!

用递归法计算n!可用下述公式表示：

n!=1   (n=0,1)
n*(n-1)!   (n>1)

按公式可编程如下：

```
long ff(int n)
{
    long f;
    if(n<0) printf("n<0,input error");
    else if(n==0||n==1) f=1;
    else f=ff(n-1)*n;
    return(f);
}
main()
{
    int n;
    long y;
    printf("\ninput a inteager number:\n");
    scanf("%d",&n);
    y=ff(n);
    printf("%d!=%ld",n,y);
}
```

程序中给出的函数ff是一个递归函数。主函数调用ff后，即进入函数ff执行。如果n<0，n==0或n=1时都将结束函数的执行，否则就递归调用ff函数自身。由于每次递归调用的实参为n-1，即把n-1的值赋予形参n，最后当n-1的值为1时再作递归调用，形参n的值也为1，将使递归终止，然后可逐层退回。

3.13 局部变量和全局变量

在讨论函数的形参变量时我们曾经提到，形参变量只在被调用期间才分配内存单元，调用结束立即释放。这一点表明形参变量只有在函数内才是有效的，离开该函数就不能再使用了。这种变量有效性的范围称为变量的作用域。不仅对于形参变量，C语言中所有的量都有自己的作用域。变量说明的方式不同，其作用域也不同。C语言中的变量，按作用域范围可分为两种，即局部变量和全局变量。

3.13.1 局部变量

局部变量也称为内部变量。局部变量是在函数内作定义说明的，其作用域仅限于函数内，离开该函数后再使用这种变量是非法的。

例如：

```
int f1(int a)          /*函数f1*/
{
    int b,c;
    ……
}
a,b,c有效
int f2(int x)          /*函数f2*/
{
    int y,z;
    ……
}
x,y,z有效
main()
{
    int m,n;
    ……
}
m,n有效
```

在函数f1内定义了三个变量，a为形参、b、c为一般变量。在f1的范围内a、b、c有效，或者说a、b、c变量的作用域限于f1内。同理，x、、z的作用域限于f2内，m、n的作用域限于main函数内。

关于局部变量的作用域还要说明以下几点：

1) 主函数中定义的变量也只能在主函数中使用，不能在其他函数中使用。同时，主函数中也不能使用其他函数中定义的变量。因为主函数也是一个函数，它与其他函数是平行关系。这一点是与其他语言不同的，应予以注意。

2）形参变量是属于被调函数的局部变量，实参变量是属于主调函数的局部变量。

3）允许在不同的函数中使用相同的变量名，它们代表不同的对象，分配不同的单元，互不干扰，也不会发生混淆。如在前例中，形参和实参的变量名都为n，是完全允许的。

4）在复合语句中也可定义变量，其作用域只在复合语句范围内。

3.13.2 全局变量

全局变量也称为外部变量，它是在函数外部定义的变量。它不属于哪一个函数，它属于一个源程序文件，其作用域是整个源程序。在函数中使用全局变量，一般应作全局变量说明。只有在函数内经过说明的全局变量才能使用。全局变量的说明符为extern。但在一个函数之前定义的全局变量，在该函数内使用，可不再加以说明。

例如：

```
int a,b;          /*外部变量*/
void f1()         /*函数f1*/
{
    ……
}
float x,y;        /*外部变量*/
int fz()          /*函数fz*/
{
    ……
}
main()            /*主函数*/
{
    ……
}
```

从上例可以看出a、b、x、y都是在函数外部定义的外部变量，都是全局变量。但x、y定义在函数f1之后，而在f1内又无对x、y的说明，所以它们在f1内无效。a、b定义在源程序最前面，因此在f1、f2及main内不加说明也可使用。

如果同一个源文件中，外部变量与局部变量同名，则在局部变量的作用范围内，外部变量被"屏蔽"，即它不起作用。

3.14 指针

指针是C语言中广泛使用的一种数据类型。运用指针编程是C语言最主要的风格之一。利用指针变量可以表示各种数据结构，能很方便地使用数组和字符串，并能像汇编语言一样处理内存地址，从而编出精练而高效的程序。指针极大地丰富了C语言的功能。学习指针是学习C语言中最重要的一环，能否正确理解和使用指针是我们是否掌握C语言的一个标志。同时，指针也是C语言中最为困难的一部分，在学习中除了要正确理解基本概念，还必须要多编程，多上机调试。只要做到这些，指针也是不难掌握的。

3.15 地址指针的基本概念

在计算机中，所有的数据都是存放在存储器中的。一般把存储器中的一个字节称为一个内存单元，不同的数据类型所占用的内存单元数不等，如整型量占2个单元，字符量占1个单元等，在前面已有详细的介绍。为了正确地访问这些内存单元，必须为每个内存单元编上号。根据一个内存单元的编号，即可准确地找到该内存单元。内存单元的编号也叫作地址。既然根据内存单元的编号或地址就可以找到所需的内存单元，所以通常也把这个地址称为指针。内存单元的指针和内存单元的内容是两个不同的概念。可以用一个通俗的例子来说明它们之间的关系:我们到银行去存取款时，银行工作人员将根据我们的账号去找我们的存款单，找到之后在存单上写入存款、取款的金额。在这里，账号就是存单的指针，存款数是存单的内容。对于一个内存单元来说，单元的地址即为指针，其中存放的数据才是该单元的内容。在C语言中，允许用一个变量来存放指针，这种变量称为指针变量。因此，一个指针变量的值就是某个内存单元的地址或称为某内存单元的指针。

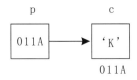

上图中，设有字符变量C，其内容为"K"（ASCII码为十进制数75），C占用了011A号单元（地址用十六进制数表示）。设有指针变量P，内容为011A，这种情况我们称为P指向变量C，或说P是指向变量C的指针。

严格地说，一个指针是一个地址，是一个常量。而一个指针变量却可以被赋予不同的指针值，是变量。但常把指针变量简称为指针。为了避免混淆，我们约定:"指针"是指地址，是常量，"指针变量"是指取值为地址的变量。定义指针的目的是为了通过指针去访问内存单元。

既然指针变量的值是一个地址，那么这个地址不仅可以是变量的地址，也可以是其他数据结构的地址。在一个指针变量中存放一个数组或一个函数的首地址有何意义呢？因为数组或函数都是连续存放的。通过访问指针变量取得了数组或函数的首地址，也就找到了该数组或函数。这样一来，凡是出现数组、函数的地方都可以用一个指针变量来表示，只要该指针变量中赋予数组或函数的首地址即可。这样做，将会使程序的概念十分清楚，程序本身也精练、高效。在C语言中，一种数据类型或数据结构往往都占有一组连续的内存单元。用"地址"这个概念并不能很好地描述一种数据类型或数据结构，而"指针"虽然实际上也是一个地址，但它却是一个数据结构的首地址，它是"指向"一个数据结构的，因而概念更为清楚，表述更为明确。这也是引入"指针"概念的一个重要原因。

3.16 变量的指针和指向变量的指针变量

变量的指针就是变量的地址。存放变量地址的变量是指针变量。即在C语言中，允许用一个变量来存放指针，这种变量称为指针变量。因此，一个指针变量的值就是某个变量的地址或称为某变量的指针。

为了表示指针变量和它所指向的变量之间的关系，在程序中用"*"符号表示"指向"，例如，i_pointer代表指针变量，而*i_pointer是i_pointer所指向的变量。

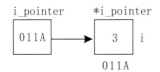

因此，下面两个语句作用相同：

    i=3;

    *i_pointer=3;

第二个语句的含义是将3赋给指针变量i_pointer所指向的变量。

3.16.1 定义一个指针变量

对指针变量的定义包括三个内容：

指针类型说明，即定义变量为一个指针变量；

指针变量名；

变量值(指针)所指向的变量的数据类型。

其一般形式为：

    类型说明符* 变量名；

其中，*表示这是一个指针变量，变量名即为定义的指针变量名，类型说明符表示本指针变量所指向的变量的数据类型。

例如：

    int *p1;

表示p1是一个指针变量，它的值是某个整型变量的地址，或者说p1指向一个整型变量。至于p1究竟指向哪一个整型变量，应由向p1赋予的地址来决定。

再如：

    int *p2;   /*p2是指向整型变量的指针变量*/

    float *p3;   /*p3是指向浮点变量的指针变量*/

    char *p4;   /*p4是指向字符变量的指针变量*/

应该注意的是，一个指针变量只能指向同类型的变量，如p3只能指向浮点变量，不能时而指向一个浮点变量，时而又指向一个字符变量。

3.16.2 指针变量的引用

指针变量同普通变量一样，使用之前不仅要定义说明，而且必须赋予具体的值。未经赋值的指针变量不能使用，否则将造成系统混乱，甚至死机。指针变量的赋值只能赋予地址，决不能赋予任何其他数据，否则将引起错误。在C语言中，变量的地址是由编译系统分配的，对用户完全透明，用户不知道变量的具体地址。

两个有关的运算符：

&：取地址运算符。

*：指针运算符（或称"间接访问"运算符）。

    C语言中提供了地址运算符&来表示变量的地址。

其一般形式为：

    &变量名；

如&a表示变量a的地址，&b表示变量b的地址。变量本身必须预先说明。

设有指向整型变量的指针变量p，如要把整型变量a的地址赋予p可以有以下两种方式：

1)指针变量初始化的方法

```
int a;
int *p=&a;
```

2)赋值语句的方法

```
int a;
int *p;
p=&a;
```

不允许把一个数赋予指针变量，故下面的赋值是错误的：

```
int *p;
p=1000;
```

被赋值的指针变量前不能再加"*"说明符，如写为*p=&a也是错误的。

假设：

```
int i=200, x;
int *ip;
```

我们定义了两个整型变量i、x，还定义了一个指向整型数的指针变量ip。i、x中可存放整数,而ip中只能存放整型变量的地址。我们可以把i的地址赋给ip:ip=&i;此时指针变量ip指向整型变量i，假设变量i的地址为1800，这个赋值可形象地理解为下图所示的关系。

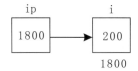

以后我们便可以通过指针变量ip间接访问变量i。

例如：

```
x=*ip;
```

运算符*访问以ip为地址的存贮区域，而ip中存放的是变量i的地址，因此，*ip访问的是地址为1800的存贮区域(因为是整数，实际上是从1800开始的两个字节)，它就是i所占用的存贮区域，所以上面的赋值表达式等价于

```
x=i;
```

另外，指针变量和一般变量一样，存放在它们之中的值是可以改变的，也就是说，可以改变它们的指向，假设

```
int i,j,*p1,*p2;
i='a';
j='b';
p1=&i;
p2=&j;
```

则建立如下图所示的联系：

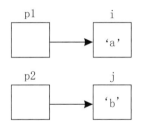

这时赋值表达式为：

    p2=p1

就使p2与p1指向同一对象i，此时*p2就等价于i，而不是j，如下图所示：

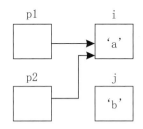

如果执行如下表达式：

    *p2=*p1;

则表示把p1指向的内容赋给p2所指的区域，此时就变成如下图所示：

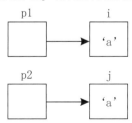

    通过指针访问它所指向的一个变量是以间接访问形式进行的，所以比直接访问一个变量要费时间，而且不直观，因为通过指针要访问哪一个变量，取决于指针的值(即指向)，例如"*p2=*p1;"实际上就是"j=i;"，前者不仅速度慢而且目的不明。但由于指针是变量，我们可以通过改变它们的指向，以间接访问不同的变量，这给程序员带来灵活性，也使程序代码编写得更为简洁和有效。

    指针变量可出现在表达式中，设

    int x, y, *px=&x;

指针变量px指向整数x，则*px可出现在x能出现的任何地方。例如：

    y=*px+5;   /*表示把x的内容加5并赋给y*/

    y=++*px;   /*px的内容加上1之后赋给y，++*px相当于++(*px)*/

    y=*px++; /*相当于y=*px; px++*/

【例3.7】

```
main()
{
    int a,b;
    int *pointer_1, *pointer_2;
    a=100;b=10;
    pointer_1=&a;
    pointer_2=&b;
    printf("%d,%d\n",a,b);
    printf("%d,%d\n",*pointer_1, *pointer_2);
}
```

对程序的说明：

1）在开头处虽然定义了两个指针变量pointer_1和pointer_2，但它们并未指向任何一个整型变量。只是提供两个指针变量，规定它们可以指向整型变量。程序第5、6行的作用就是使pointer_1指向a，pointer_2指向b。

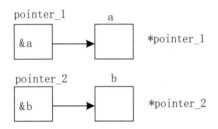

2）最后一行的*pointer_1和*pointer_2就是变量a和b。最后两个printf函数作用是相同的。

3）程序中有两处出现*pointer_1和*pointer_2，请区分它们的不同含义。

4）程序第5、6行的"pointer_1=&a"和"pointer_2=&b"不能写成"*pointer_1=&a"和"*pointer_2=&b"。

请对下面关于"&"和"*"的问题进行考虑：

如果已经执行了"pointer_1=&a；"语句，则&*pointer_1是什么含义？*&a含义是什么？(pointer_1)++和pointer_1++的区别是什么？

【例3.8】输入a和b两个整数，按先大后小的顺序输出a和b。

```
main()
{
    int *p1,*p2,*p,a,b;
    scanf("%d,%d",&a,&b);
    p1=&a;p2=&b;
    if(a<b)
    {
    p=p1;
```

```
        p1=p2;
        p2=p;
    }
    printf("\na=%d,b=%d\n",a,b);
    printf("max=%d,min=%d\n",*p1,*p2);
}
```

3.17 数组指针和指向数组的指针变量

一个变量有一个地址，一个数组包含若干元素，每个数组元素都在内存中占用存储单元，它们都有相应的地址。所谓数组的指针是指数组的起始地址，数组元素的指针是数组元素的地址。

3.17.1 指向数组元素的指针

一个数组是由连续的一块内存单元组成的，数组名就是这块连续内存单元的首地址。一个数组也是由各个数组元素(下标变量)组成的。每个数组元素按其类型不同占有几个连续的内存单元。一个数组元素的首地址也是指它所占有的几个内存单元的首地址。

定义一个指向数组元素的指针变量的方法，与以前介绍的指针变量相同。

例如：

  int a[10]; /*定义a为包含10个整型数据的数组*/

  int *p; /*定义p为指向整型变量的指针*/

应当注意，因为数组为int型，所以指针变量也应为指向int型的指针变量。下面是对指针变量赋值：

  p=&a[0];

把a[0]元素的地址赋给指针变量p，也就是说，p指向a数组的第0号元素。

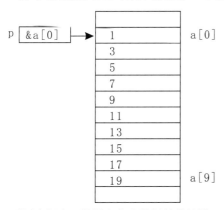

C语言规定，数组名代表数组的首地址，也就是第0号元素的地址。因此，下面两个语句等价：

  p=&a[0];

  p=a;

在定义指针变量时可以赋给初值：

```
    int *p=&a[0];
```
它等效于:
```
    int *p;
```
```
    p=&a[0];
```
当然定义时也可以写成:
```
    int *p=a;
```
从上页图中我们可以看出以下关系:

p, a, &a[0]均指向同一单元, 它们是数组a的首地址, 也是0号元素a[0]的首地址。应该说明的是, p是变量, 而a、&a[0]都是常量, 在编程时应予以注意。

数组指针变量说明的一般形式为:

类型说明符* 指针变量名;

其中类型说明符表示所指数组的类型。从一般形式可以看出指向数组的指针变量和指向普通变量的指针变量的说明是相同的。

3.17.2 通过指针引用数组元素

C语言规定: 如果指针变量p已指向数组中的一个元素, 则p+1指向同一数组中的下一个元素。

引入指针变量后, 就可以用两种方法来访问数组元素了。

如果p的初值为&a[0], 则:

1)p+i和a+i就是a[i]的地址, 或者说它们指向a数组的第i个元素。

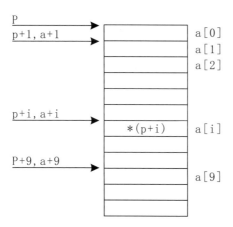

2)*(p+i)或*(a+i)就是p+i或a+i所指向的数组元素, 即a[i]。例如, *(p+5)或*(a+5)就是a[5]。

3)指向数组的指针变量也可以带下标, 如p[i]与*(p+i)等价。

根据以上叙述, 引用一个数组元素可以用:

1)下标法, 即用a[i]形式访问数组元素。在前面介绍数组时都是采用这种方法。

2)指针法, 即采用*(a+i)或*(p+i)形式, 用间接访问的方法来访问数组元素, 其中a是数组名, p是指向数组的指针变量, 此处值p=a。

【例3.9】输出数组中的全部元素。(下标法)

```
main()
{
    int a[10],i;
    for(i=0;i<10;i++)
        a[i]=i;
    for(i=0;i<5;i++)
        printf("a[%d]=%d\n",i,a[i]);
}
```

【例3.10】输出数组中的全部元素。（通过数组名计算元素的地址，找出元素的值）

```
main()
{
    int a[10],i;
    for(i=0;i<10;i++)
        *(a+i)=i;
    for(i=0;i<10;i++)
        printf("a[%d]=%d\n",i,*(a+i));
}
```

【例3.11】输出数组中的全部元素。（用指针变量指向元素）

```
main()
{
    int a[10],i,*p;
    p=a;
    for(i=0;i<10;i++)
        *(p+i)=i;
    for(i=0;i<10;i++)
        printf("a[%d]=%d\n",i,*(p+i));
}
```

【例3.12】

```
main()
{
    int a[10],i,*p=a;
    for(i=0;i<10;){
        *p=i;
        printf("a[%d]=%d\n",i++,*p++);
    }
}
```

几个需要注意的问题：

1)指针变量可以实现本身的值的改变。如p++是合法的；而a++是错误的。因为a是数组名，它是数组的首地址，是常量。

2)要注意指针变量的当前值。

3.18 函数指针变量

在C语言中，一个函数总是占用一段连续的内存区，而函数名就是该函数所占内存区的首地址。我们可以把函数的这个首地址（或称入口地址）赋予一个指针变量，使该指针变量指向该函数。然后通过指针变量就可以找到并调用这个函数。我们把这种指向函数的指针变量称为"函数指针变量"。

函数指针变量定义的一般形式为：

    类型说明符(*指针变量名)();

其中"类型说明符"表示被指函数的返回值的类型。"(* 指针变量名)"表示"*"后面的变量是定义的指针变量。最后的空括号表示指针变量所指的是一个函数。

例如：

    int (*pf)();

表示pf是一个指向函数入口的指针变量，该函数的返回值（函数值）是整型。

【例3.13】本例用来说明用指针形式实现对函数调用的方法。

```
int max(int a, int b)
{
    if(a>b) return a;
    else return b;
}
main()
{
    int max(int a, int b);
    int(*pmax)();
    int x, y, z;
    pmax=max;
    printf("input two numbers:\n");
    scanf("%d%d", &x, &y);
    z=(*pmax)(x, y);
    printf("maxmum=%d", z);
}
```

从上述程序可以看出用函数指针变量形式调用函数的步骤如下：

1) 先定义函数指针变量，如后一程序中第9行int (*pmax)();定义pmax为函数指针变量。

2) 把被调函数的入口地址（函数名）赋予该函数指针变量，如程序中第11行pmax=max;

3) 用函数指针变量形式调用函数，如程序第14行z=(*pmax)(x, y);

3) 调用函数的一般形式为：

    (*指针变量名) (实参表)

使用函数指针变量还应注意以下两点：

1) 函数指针变量不能进行算术运算，这是与数组指针变量不同的。数组指针变量加减一个整数可使指针移动指向后面或前面的数组元素，而函数指针的移动是毫无意义的。

2) 函数调用中"(*指针变量名)"的两边的括号不可少，其中的*不应该理解为求值运算，在此处它只是一种表示符号。

3.19 指针型函数

前面我们介绍过，所谓函数类型是指函数返回值的类型。在 C 语言中允许一个函数的返回值是一个指针(即地址)，这种返回指针值的函数称为指针型函数。

定义指针型函数的一般形式为：

类型说明符*函数名(形参表)

```
{
    ……          /*函数体*/
}
```

其中函数名之前加了"*"号表明这是一个指针型函数，即返回值是一个指针。类型说明符表示了返回的指针值所指向的数据类型。

如：

```
int *ap(int x, int y)
{
    ……          /*函数体*/
}
```

表示ap是一个返回指针值的指针型函数，它返回的指针指向一个整型变量。

【例3.14】本程序是通过指针函数，输入一个1～7之间的整数，输出对应的星期名。

```
main()
{
    int i;
    char *day_name(int n);
    printf("input Day No:\n");
    scanf("%d",&i);
    if(i<0) exit(1);
    printf("Day No:%2d-->%s\n", i, day_name(i));
}
char *day_name(int n){
    static char *name[]={"Illegal day",
                         "Monday",
                         "Tuesday",
                         "Wednesday",
                         "Thursday",
                         "Friday",
                         "Saturday",
                         "Sunday"};
    return((n<1||n>7) ? name[0] : name[n]);
}
```

本例中定义了一个指针型函数day_name，它的返回值指向一个字符串。该函数中定义了一个静态指针数组name。name数组初始化赋值为八个字符串，分别表示各个星期名及出错提示。形参n表示与星期名所对应的整数。在主函数中，把输入的整数i作为实参，在printf语句中调用day_name函数并把

i值传送给形参n。day_name函数中的return语句包含一个条件表达式，n值若大于7或小于1则把name[0]指针返回主函数，输出出错提示字符串"Illegal day"。否则返回主函数，输出对应的星期名。主函数中的第7行是个条件语句，其语义是，如输入为负数(i<0)则中止程序运行，退出程序。exit是一个库函数，exit(1)表示发生错误后退出程序，exit(0)表示正常退出。

应该特别注意的是，函数指针变量和指针型函数这两者在写法和意义上的区别。如int(*p)()和int *p()是两个完全不同的量。

int (*p)()是一个变量说明，说明p是一个指向函数入口的指针变量，该函数的返回值是整型量，(*p)的两边的括号不能少。

int *p()则不是变量说明而是函数说明，说明p是一个指针型函数，其返回值是一个指向整型量的指针，*p两边没有括号。作为函数说明，在括号内最好写入形式参数，这样便于与变量说明区别。

对于指针型函数定义，int *p()只是函数头部分，一般还应该有函数体部分。

3.20 指针数组和指向指针的指针

3.20.1 指针数组的概念

一个数组的元素值为指针，则是指针数组。指针数组是一组有序的指针的集合。指针数组的所有元素都必须是具有相同存储类型和指向相同数据类型的指针变量。

指针数组说明的一般形式为：

类型说明符*数组名[数组长度]

其中类型说明符为指针值所指向的变量的类型。

例如：

int *pa[3]

表示pa是一个指针数组，它有三个数组元素，每个元素值都是一个指针，指向整型变量。

【例3.15】通常可用一个指针数组来指向一个二维数组。指针数组中的每个元素被赋予二维数组每一行的首地址，因此也可理解为指向一个一维数组。

```
main()
{
    int a[3][3]={1,2,3,4,5,6,7,8,9};
    int *pa[3]={a[0],a[1],a[2]};
    int *p=a[0];
    int i;
    for(i=0;i<3;i++)
        printf("%d,%d,%d\n",a[i][2-i],*a[i],*(*(a+i)+i));
    for(i=0;i<3;i++)
        printf("%d,%d,%d\n",*pa[i],p[i],*(p+i));
}
```

本例程序中，pa是一个指针数组，三个元素分别指向二维数组a的各行。然后用循环语句输出指定的数组元素。其中*a[i]表示i行0列元素值；*(*(a+i)+i)表示i行i列的元素值；*pa[i]表示i行0列元素值；由于p与a[0]相同，故p[i]表示0行i列的值；*(p+i)表示0行i列的值。读者可仔细领会元素值的各种不同的表示方法。

应该注意指针数组和二维数组指针变量的区别。这两者虽然都可用来表示二维数组，但是其表示方法和意义是不同的。

二维数组指针变量是单个的变量，其一般形式中"(*指针变量名)"两边的括号不可少。而指针数组类型表示的是多个指针（一组有序指针），在一般形式中"*指针数组名"两边不能有括号。

例如：

```
int (*p)[3];
```

表示一个指向二维数组的指针变量。该二维数组的列数为3或分解为一维数组的长度为3。

```
int *p[3]
```

表示p是一个指针数组，有三个下标变量p[0]，p[1]，p[2]均为指针变量。

指针数组也常用来表示一组字符串，这时指针数组的每个元素被赋予一个字符串的首地址。指向字符串的指针数组的初始化更为简单。例如在例3.14中即采用指针数组来表示一组字符串。其初始化赋值为：

```
char *name[]={"illegal day",
              "Monday",
              "Tuesday",
              "Wednesday",
              "Thursday",
              "Friday",
              "Saturday",
              "Sunday"};
```

完成这个初始化赋值之后，name[0]即指向字符串"illegal day"，name[1]指向"Monday"……。

指针数组也可以用作函数参数。

【例3.16】指针数组作指针型函数的参数。在本例主函数中，定义了一个指针数组name，并对name作了初始化赋值。其每个元素都指向一个字符串。然后又以name作为实参，调用指针型函数day_name。在调用时把数组名name赋予形参变量name，输入的整数i作为第二个实参赋予形参n。在day_name函数中定义了两个指针变量pp1和pp2，pp1被赋予name[0]的值（即*name），pp2被赋予name[n]的值即*(name+n)。由条件表达式决定返回pp1或pp2指针给主函数中的指针变量ps。最后输出i和ps的值。

```
main(){
    static char *name[]={"illegal day",
                         "Monday",
                         "Tuesday",
                         "Wednesday",
                         "Thursday",
                         "Friday",
                         "Saturday",
                         "Sunday"};
    char *ps;
    int i;
    char *day_name(char *name[],int n);
    printf("input Day No:\n");
    scanf("%d",&i);
    if(i<0) exit(1);
    ps=day_name(name,i);
    printf("Day No:%2d-->%s\n",i,ps);
}
```

```
    char *day_name(char *name[],int n)
{
    char *pp1,*pp2;
    pp1=*name;
    pp2=*(name+n);
    return((n<1||n>7)? pp1:pp2);
}
```

3.20.2 指向指针的指针

如果一个指针变量存放的又是另一个指针变量的地址，则称这个指针变量为指向指针的指针变量。

在前面已经介绍过，通过指针访问变量称为间接访问。由于指针变量直接指向变量，所以称为"单级间址"。而如果通过指向指针的指针变量来访问变量则构成"二级间址"。

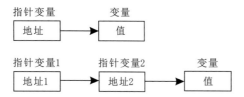

怎样定义一个指向指针型数据的指针变量呢？如下：

char **p;

p前面有两个*号，相当于*(*p)。显然*p是指针变量的定义形式，如果没有最前面的*，那就是定义了一个指向字符数据的指针变量。现在它前面又有一个*号，表示指针变量p是指向一个字符指针型变量的。*p就是p所指向的另一个指针变量。

从下图中可以看到，name是一个指针数组，它的每一个元素是一个指针型数据，其值为地址。name是一个数组，它的每一个元素都有相应的地址。数组名name,代表该指针数组的首地址。name+1是mane[i]的地址。name+1就是指向指针型数据的指针（地址）。还可以设置一个指针变量p，使它指向指针数组元素。P就是指向指针型数据的指针变量。

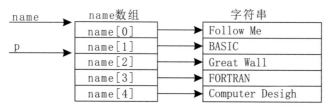

如果有：

p=name+2;

printf("%o\n",*p);

printf("%s\n",*p);

则，第一个printf函数语句输出name[2]的值（它是一个地址），第二个printf函数语句以字符串形式（%s）输出字符串"Great Wall"。

【例3.17】使用指向指针的指针。

main()

{

```
        char *name[]=
                    {"Follow Me",
                     "BASIC",
                     "Great Wall",
                     "FORTRAN","
                     Computer Desighn"
                     };
        char **p;
        int i;
        for(i=0;i<5;i++)
        {
            p=name+i;
            printf("%s\n",*p);
        }
}
```

说明：

p是指向指针的指针变量。

【例3.18】一个指针数组的元素指向数据的简单例子。

```
main()
{
    static int a[5]={1,3,5,7,9};
    int *num[5]={&a[0],&a[1],&a[2],&a[3],&a[4]};
    int **p,i;
    p=num;
    for(i=0;i<5;i++)
        {printf("%d\t",**p);p++;}
}
```

说明：

指针数组的元素只能存放地址。

3.21 有关指针的数据类型的小结

定义	含义
int i;	定义整型变量i
int *p	p为指向整型数据的指针变量
int a[n];	定义整型数组a，它有n个元素
int *p[n];	定义指针数组p，它由n个指向整型数据的指针元素组成
int (*p)[n];	p为指向含n个元素的一维数组的指针变量
int f();	f为带回整型函数值的函数
int *p();	p为带回一个指针的函数，该指针指向整型数据
int (*p)();	p为指向函数的指针，该函数返回一个整型值
int **p;	p是一个指针变量，它指向一个指向整型数据的指针变量

3.22 指针运算的小结

现把全部指针运算列出如下：

1)指针变量加（减）一个整数：

例如：p++、p--、p+i、p-i、p+=i、p-=i

一个指针变量加（减）一个整数并不是简单地将原值加（减）一个整数，而是将该指针变量的原值（是一个地址）和它指向的变量所占用的内存单元字节数加（减）。

2)指针变量赋值：将一个变量的地址赋给一个指针变量。

p=&a;　　　　（将变量a的地址赋给p）

p=array;　　　（将数组array的首地址赋给p）

p=&array[i];　（将数组array第i个元素的地址赋给p）

p=max;　　　　（max为已定义的函数，将max的入口地址赋给p）

p1=p2;　　　　（p1和p2都是指针变量，将p2的值赋给p1）

注意：下面的写法是错误的

p=1000;

3)指针变量可以有空值，即该指针变量不指向任何变量：p=NULL;

4)两个指针变量可以相减：如果两个指针变量指向同一个数组的元素，则两个指针变量值之差是两个指针之间的元素个数。

5)两个指针变量比较：如果两个指针变量指向同一个数组的元素，则两个指针变量可以进行比较。指向前面的元素的指针变量"小于"指向后面的元素的指针变量。

3.23 void指针类型

ANSI新标准增加了一种"void"指针类型，即可以定义一个指针变量，但不指定它是指向哪一种类型数据。

小结：

数组是程序设计中最常用的数据结构。数组可分为数值数组(整数组，实数组)，字符数组以及指针数组等。数组可以是一维的，二维的或多维的。数组类型说明由类型说明符、数组名、数组长度(数组元素个数)三部分组成。对数组的赋值可以用数组初始化赋值、输入函数动态赋值和赋值语句赋值三种方法实现。对数值数组不能用赋值语句整体赋值、输入或输出，而必须用循环语句逐个对数组元素进行操作。

指针的使用比较难，对初学者来说会碰到很多问题，好在iOS中简化了指针的使用，所以我们只需要大概了解下指针的概念就可以了。

第四章

结构体、共用体、枚举、预处理

4.1 定义一个结构体的一般形式

在实际问题中，一组数据往往具有不同的数据类型。例如，在学生登记表中，姓名应为字符型；学号可为整型或字符型；年龄应为整型；性别应为字符型；成绩可为整型或实型。显然不能用一个数组来存放这一组数据。因为数组中各元素的类型和长度都必须一致，以便于编译系统处理。为了解决这个问题，C语言中给出了另一种构造数据类型——"结构（structure）"或叫"结构体"，它相当于其他高级语言中的记录。"结构"是一种构造类型，它是由若干"成员"组成的。每一个成员可以是一个基本数据类型或者又是一个构造类型。结构既然是一种"构造"而成的数据类型，那么在说明和使用之前必须先定义它，也就是构造它，如同在说明和调用函数之前要先定义函数一样。

定义一个结构的一般形式为：

struct 结构名

{成员表列}；

成员表列由若干个成员组成，每个成员都是该结构的一个组成部分。对每个成员也必须作类型说明，其形式为：

类型说明符　成员名；

成员名的命名应符合标识符的书写规定。例如：

struct stu

{

  int num;

  char name[20];

  char sex;

  float score;

};

在这个结构定义中，结构名为stu，该结构由4个成员组成。第一个成员为num，整型变量；第二个成员为name，字符数组；第三个成员为sex，字符变量；第四个成员为score，实型变量。应注意，在括号后的分号是不可少的。结构定义之后，即可进行变量说明。凡说明为结构stu的变量都由上述4个成员组成。由此可见，结构是一种复杂的数据类型，是数目固定、类型不同的若干有序变量的集合。

4.2 结构类型变量的说明

说明结构变量有以下三种方法（以上面定义的stu为例来加以说明）：

1.先定义结构，再说明结构变量。

例如：

```
struct stu
{
    int num;
    char name[20];
    char sex;
    float score;
};
struct stu boy1,boy2;
```

说明了两个变量boy1和boy2为stu结构类型，也可以用宏定义使一个符号常量用来表示一个结构类型。

例如：

```
#define STU struct stu
STU
{
    int num;
    char name[20];
    char sex;
    float score;
};
STU boy1,boy2;
```

2.在定义结构类型的同时说明结构变量。

例如：

```
struct stu
{
    int num;
    char name[20];
    char sex;
    float score;
}boy1,boy2;
```

这种形式的说明的一般形式为：

```
struct 结构名
{
    成员表列
}变量名表列;
```

3.直接说明结构变量。

例如：

```
    struct
    {
        int num;
        char name[20];
        char sex;
        float score;
    }boy1,boy2;
```

这种形式的说明的一般形式为：

```
    struct
    {
        成员表列
    }变量名表列;
```

第三种方法与第二种方法的区别在于第三种方法中省去了结构名，而直接给出结构变量。三种方法中说明的boy1，boy2变量都具有下图所示的结构。

num	name	sex	score

说明了boy1，boy2变量为stu类型后，即可向这两个变量中的各个成员赋值。在上述stu结构定义中，所有的成员都是基本数据类型或数组类型。

成员也可以又是一个结构，即构成了嵌套的结构。例如，下图给出了另一个数据结构。

num	name	sex	birthday			score
			month	day	year	

按上图可给出以下结构定义：

```
struct date
{
    int month;
    int day;
    int year;
};
struct
{
    int num;
    char name[20];
    char sex;
    struct date birthday;
    float score;
}boy1,boy2;
```

首先定义一个结构date，由month(月)、day(日)、year(年)三个成员组成。在定义并说明变量

boy1和boy2时，其中的成员birthday被说明为data结构类型。成员名可与程序中其他变量同名，互不干扰。

4.3 结构变量成员的表示方法

在程序中使用结构变量时，往往不把它作为一个整体来使用。在ANSI C中除了允许具有相同类型的结构变量相互赋值以外，一般对结构变量的使用，包括赋值、输入、输出、运算等都是通过结构变量的成员来实现的。

表示结构变量成员的一般形式是：

结构变量名.成员名

例如：

    boy1.num   即第一个人的学号

    boy2.sex   即第二个人的性别

如果成员本身又是一个结构则必须逐级找到最低级的成员才能使用。

例如：

    boy1.birthday.month

即第一个人出生的月份成员可以在程序中单独使用，与普通变量完全相同。

4.4 结构变量的赋值

结构变量的赋值就是给各成员赋值。可用输入语句或赋值语句来完成。

【例4.1】给结构变量赋值并输出其值。

```
main()
{
    struct stu
    {
        int num;
        char *name;
        char sex;
        float score;
    }boy1,boy2;
    boy1.num=102;
    boy1.name="Zhang ping";
    printf("input sex and score\n");
    scanf("%c %f",&boy1.sex,&boy1.score);
    boy2=boy1;
    printf("Number=%d\nName=%s\n",boy2.num,boy2.name);
    printf("Sex=%c\nScore=%f\n",boy2.sex,boy2.score);
}
```

本程序中用赋值语句给num和name两个成员赋值，name是一个字符串指针变量。用scanf函数动态地输入sex和score成员值，然后把boy1的所有成员的值整体赋予boy2，最后分别输出boy2的各个成员值。本例表示了结构变量的赋值、输入和输出的方法。

4.5 结构变量的初始化

和其他类型变量一样，对结构变量可以在定义时进行初始化赋值。

【例4.2】对结构变量初始化。

```
main()
{
    struct stu      /*定义结构*/
    {
        int num;
        char *name;
        char sex;
        float score;
    }boy2,boy1={102,"Zhang ping",'M',78.5};
    boy2=boy1;
    printf("Number=%d\nName=%s\n",boy2.num,boy2.name);
    printf("Sex=%c\nScore=%f\n",boy2.sex,boy2.score);
}
```

本例中，boy2、boy1均被定义为外部结构变量，并对boy1作了初始化赋值。在main函数中，把boy1的值整体赋予boy2，然后用两个printf语句输出boy2各成员的值。

4.6 结构数组的定义

数组的元素也可以是结构类型的，因此可以构成结构型数组。结构数组的每一个元素都是具有相同结构类型的下标结构变量。在实际应用中，经常用结构数组来表示具有相同数据结构的一个群体。如一个班的学生档案，一个车间职工的工资表等。

方法和结构变量相似，只需说明它为数组类型即可。

例如：

```
struct stu
{
    int num;
    char *name;
    char sex;
    float score;
}boy[5];
```

定义了一个结构数组boy，共有5个元素，boy[0]~boy[4]。每个数组元素都具有struct stu的结构形式。对结构数组可以作初始化赋值。

例如：

```
struct stu
{
    int num;
    char *name;
    char sex;
```

```
        float score;
    }boy[5]={
        {101,"Li ping","M",45},
        {102,"Zhang ping","M",62.5},
        {103,"He fang","F",92.5},
        {104,"Cheng ling","F",87},
        {105,"Wang ming","M",58};
    }
```

当对全部元素作初始化赋值时，也可不给出数组长度。

4.7 结构指针变量的说明和使用

4.7.1 指向结构变量的指针

一个指针变量当用来指向一个结构变量时，称之为结构指针变量。结构指针变量中的值所指向的结构变量的首地址。通过结构指针即可访问该结构变量，这与数组指针和函数指针的情况是相同的。

结构指针变量说明的一般形式为：

  struct 结构名*结构指针变量名

例如，在前面的例题中定义了stu这个结构，如要说明一个指向stu的指针变量pstu，可写为：

  struct stu *pstu;

当然也可在定义stu结构时同时说明pstu。与前面讨论的各类指针变量相同，结构指针变量也必须要先赋值后才能使用。

赋值是把结构变量的首地址赋予该指针变量，不能把结构名赋予该指针变量。如果boy是被说明为stu类型的结构变量，则：

  pstu=&boy

是正确的，而：

  pstu=&stu

是错误的。

结构名和结构变量是两个不同的概念，不能混淆。结构名只能表示一个结构形式，编译系统并不对它分配内存空间。只有当某变量被说明为这种类型的结构时，才对该变量分配存储空间。因此上面&stu这种写法是错误的，不可能去取一个结构名的首地址。有了结构指针变量，就能更方便地访问结构变量的各个成员。

其访问的一般形式为：

  (*结构指针变量).成员名

或为：

  结构指针变量->成员名

例如：

  (*pstu).num

或者：

  pstu->num

应该注意(*pstu)两侧的括号不可少，因为成员符"."的优先级高于"*"。如去掉括号写作

pstu.num，则等效于(pstu.num)，这样，意义就完全不对了。

下面通过例子来说明结构指针变量的具体说明和使用方法。

【例4.3】

```
struct stu
{
    int num;
    char *name;
    char sex;
    float score;
}boy1={102,"Zhang ping", 'M',78.5},*pstu;
main()
{
    pstu=&boy1;
    printf("Number=%d\nName=%s\n",boy1.num,boy1.name);
    printf("Sex=%c\nScore=%f\n\n",boy1.sex,boy1.score);
    printf("Number=%d\nName=%s\n",(*pstu).num,(*pstu).name);
    printf("Sex=%c\nScore=%f\n\n",(*pstu).sex,(*pstu).score);
    printf("Number=%d\nName=%s\n",pstu->num,pstu->name);
    printf("Sex=%c\nScore=%f\n\n",pstu->sex,pstu->score);
}
```

本例程序定义了一个结构stu，定义了stu类型结构变量boy1并作了初始化赋值，还定义了一个指向stu类型结构的指针变量pstu。在main函数中，pstu被赋予boy1的地址，因此pstu指向boy1。然后在printf语句内用三种形式输出boy1的各个成员值。从运行结果可以看出：

结构变量.成员名

(*结构指针变量).成员名

结构指针变量->成员名

这三种用于表示结构成员的形式是完全等效的。

4.7.2 指向结构数组的指针

指针变量可以指向一个结构数组，这时结构指针变量的值是整个结构数组的首地址。结构指针变量也可指向结构数组的一个元素，这时结构指针变量的值是该结构数组元素的首地址。

设ps为指向结构数组的指针变量，则ps也指向该结构数组的0号元素，ps+1指向1号元素，ps+i则指向i号元素。这与普通数组的情况是一致的。

【例4.4】用指针变量输出结构数组。

```
struct stu
{
    int num;
    char *name;
    char sex;
    float score;
}boy[5]={
```

```
                  {101,"Zhou ping", 'M', 45},
                  {102,"Zhang ping", 'M', 62.5},
                  {103,"Liou fang", 'F', 92.5},
                  {104,"Cheng ling", 'F', 87},
                  {105,"Wang ming", 'M', 58},
            };
main()
{
      struct stu *ps;
      printf("No\tName\t\t\tSex\tScore\t\n");
      for(ps=boy;ps<boy+5;ps++)
      printf("%d\t%s\t\t%c\t%f\t\n",ps->num,ps->name,ps->sex,ps->score);
}
```

在程序中，定义了stu结构类型的外部数组boy并作了初始化赋值。在main函数内定义ps为指向stu类型的指针。在循环语句for的表达式1中，ps被赋予boy的首地址，然后循环5次，输出boy数组中的各成员值。

应该注意的是，一个结构指针变量虽然可以用来访问结构变量或结构数组元素的成员，但是，不能使它指向一个成员。也就是说，不允许取一个成员的地址来赋予它。因此，下面的赋值是错误的。

```
      ps=&boy[1].sex;
```

而只能是：

```
      ps=boy;(赋予数组首地址)
```

或者是：

```
      ps=&boy[0];(赋予0号元素首地址)
```

4.8 枚举类型

在实际问题中，有些变量的取值被限定在一个有限的范围内。例如，一个星期内只有七天，一年只有十二个月，一个班每周有六门课程等等。如果把这些量说明为整型，字符型或其他类型显然是不妥当的。为此，C语言提供了一种称为"枚举"的类型。在"枚举"类型的定义中列举出所有可能的取值，被说明为该"枚举"类型的变量取值不能超过定义的范围。应该说明的是，枚举类型是一种基本数据类型，而不是一种构造类型，因为它不能再分解为任何基本类型。

4.8.1 枚举类型的定义和枚举变量的说明

1.枚举类型定义的一般形式为：

```
      enum 枚举名{枚举值表};
```

在枚举值表中应罗列出所有可用值。这些值也称为枚举元素。

例如：

```
      enum weekday{sun,mou,tue,wed,thu,fri,sat };
```

该枚举名为weekday，枚举值共有7个，即一周中的七天。凡被说明为weekday类型变量的取值只能是七天中的某一天。

2.枚举变量的说明

如同结构和联合一样，枚举变量也可用不同的方式说明，即先定义后说明，同时定义说明或直接说明。

设有变量a、b、c被说明为上述的weekday，可采用下述任一种方式：

enum weekday{sun,mou,tue,wed,thu,fri,sat };

enum weekday a,b,c;

或者为：

enum weekday{sun,mou,tue,wed,thu,fri,sat }a,b,c;

或者为：

enum {sun,mou,tue,wed,thu,fri,sat }a,b,c;

4.8.2 枚举类型变量的赋值和使用

枚举类型在使用中有以下规定：

1.枚举值是常量，不是变量。不能在程序中用赋值语句再对它赋值。

例如对枚举weekday的元素再作以下赋值：

    sun=5;

    mon=2;

    sun=mon;

    都是错误的。

2.枚举元素本身由系统定义了一个表示序号的数值，从0开始，顺序定义为0，1，2……。如在weekday中，sun值为0，mon值为1，……，sat值为6。

【例4.5】

```
main()
{
    enum weekday
    {sun,mon,tue,wed,thu,fri,sat }a,b,c;
    a=sun;
    b=mon;
    c=tue;
    printf("%d,%d,%d",a,b,c);
}
```

说明：

    只能把枚举值赋予枚举变量，不能把元素的数值直接赋予枚举变量。如：

    a=sum;

    b=mon;

    是正确的，而：

    a=0;

    b=1;

    是错误的。如一定要把数值赋予枚举变量，则必须用强制类型转换。

例如：

    a=(enum weekday)2;

其意义是将顺序号为2的枚举元素赋予枚举变量a，相当于：

a=tue；

还应该说明的是，枚举元素不是字符常量也不是字符串常量，使用时不要加单、双引号。

【例4.6】

```
main()
{
enum body
{a,b,c,d }month[31], j;
int i;
j=a;
for(i=1;i<=30;i++)
{
    month[i]=j;
    j++;
    if (j>d) j=a;
}
for(i=1;i<=30;i++)
{
    switch(month[i])
    {
      case a:printf("%2d  %c\t",i,'a'); break;
      case b:printf("%2d  %c\t",i,'b'); break;
      case c:printf("%2d  %c\t",i,'c'); break;
      case d:printf("%2d  %c\t",i,'d'); break;
      default:break;
    }
}
printf("\n");
}
```

4.9 宏定义

在C语言源程序中允许用一个标识符来表示一个字符串，称为"宏"。被定义为"宏"的标识符称为"宏名"。在编译预处理时，对程序中所有出现的"宏名"，都用宏定义中的字符串去代换，这称为"宏代换"或"宏展开"。

宏定义是由源程序中的宏定义命令完成的。宏代换是由预处理程序自动完成的。

在C语言中，"宏"分为有参数和无参数两种。下面分别讨论这两种"宏"的定义和调用。

4.9.1 无参宏定义

无参宏的宏名后不带参数。

其定义的一般形式为：

```
#define  标识符字符串
```

其中的"#"表示这是一条预处理命令。凡是以"#"开头的,均为预处理命令。"define"为宏定义命令。"标识符"为所定义的宏名。"字符串"可以是常数、表达式、格式串等。

在前面介绍过的符号常量的定义就是一种无参宏定义。此外,需常对程序中反复使用的表达式进行宏定义。

例如:

```
#define M (y*y+3*y)
```

它的作用是指定标识符M来代替表达式(y*y+3*y)。在编写源程序时,所有的(y*y+3*y)都可由M代替,而对源程序作编译时,将先由预处理程序进行宏代换,即用(y*y+3*y)表达式去置换所有的宏名M,然后再进行编译。

【例4.7】

```
#define M (y*y+3*y)
main()
{
    int s,y;
    printf("input a number:  ");
    scanf("%d",&y);
    s=3*M+4*M+5*M;
    printf("s=%d\n",s);
}
```

上例程序中首先进行宏定义,定义M来替代表达式(y*y+3*y),在s=3*M+4*M+5*M中作了宏调用。在预处理时,经宏展开后该语句变为:

```
s=3*(y*y+3*y)+4*(y*y+3*y)+5*(y*y+3*y);
```

但要注意的是,在宏定义中表达式(y*y+3*y)两边的括号不能少,否则会发生错误。如当作以下定义后:

```
#difine M y*y+3*y
```

在宏展开时将得到下述语句:

```
s=3*y*y+3*y+4*y*y+3*y+5*y*y+3*y;
```

这相当于:

```
3y2+3y+4y2+3y+5y2+3y;
```

显然与原题意要求不符,计算结果当然是错误的。因此在作宏定义时必须十分注意,应保证在宏代换之后不发生错误。

对于宏定义还要说明以下几点:

1)宏定义是用宏名来表示一个字符串,在宏展开时又以该字符串取代宏名,这只是一种简单的代换,字符串中可以含任何字符,可以是常数,也可以是表达式,预处理程序对它不作任何检查。如有错误,只能在编译已被宏展开后的源程序时发现。

2)宏定义不是说明或语句,在行末不必加分号,如加上分号则连分号也一起置换。

3)宏定义必须写在函数之外,其作用域为宏定义命令起,到源程序结束。如要终止其作用域,可使用# undef命令。

例如:

```
#define PI 3.14159
```

```
    main()
    {
        ......
    }
#undef PI
f1()
{
        ......
}
```

表示PI只在main函数中有效，在f1中无效。

4) 宏名在源程序中若用引号括起来，则预处理程序不对其作宏代换。

【例4.8】

```
#define OK 100
main()
{
    printf("OK");
    printf("\n");
}
```

上例中定义宏名OK表示100，但在printf语句中OK被引号括起来，因此不作宏代换。程序的运行结果为OK，这表示把"OK"当做字符串处理。

5) 宏定义允许嵌套，在宏定义的字符串中可以使用已经定义的宏名，在宏展开时由预处理程序层层代换。

例如：

```
    #define PI 3.1415926
    #define S PI*y*y          /* PI是已定义的宏名*/
```

对语句：

```
printf("%f",S);
```

在宏代换后变为：

```
printf("%f",3.1415926*y*y);
```

6) 习惯上宏名用大写字母表示，以便于与变量区别，但也允许用小写字母。

7) 可用宏定义来表示数据类型，使书写方便。

例如：

```
    #define STU struct stu
```

在程序中可用STU作变量说明：

```
STU body[5],*p;

#define INTEGER int
```

在程序中即可用INTEGER作整型变量说明：

```
INTEGER a,b;
```

应注意用宏定义表示数据类型和用typedef定义数据说明符的区别。

宏定义只是简单的字符串代换，是在预处理完成的，而typedef是在编译时处理的，它不是作简单的代换，而是对类型说明符重新命名。被命名的标识符具有类型定义说明的功能。

请看下面的例子：

```
#define PIN1 int *
typedef (int *) PIN2;
```

从形式上看，这二者相似，但在实际使用中却不相同。

下面用PIN1、PIN2说明变量时，就可以看出它们的区别：

```
PIN1 a,b;
```

在宏代换后变成：

```
int *a,b;
```

表示a是指向整型的指针变量，而b是整型变量。

然而：

```
PIN2 a,b;
```

表示a，b都是指向整型的指针变量，因为PIN2是一个类型说明符。由此可见，宏定义虽然也可表示数据类型，但毕竟是作字符代换。在使用时要分外小心，以免出错。

8）对"输出格式"作宏定义，可以减少书写麻烦。

【例4.9】中就采用了这种方法。

```
#define P printf
#define D "%d\n"
#define F "%f\n"
main(){
    int a=5, c=8, e=11;
    float b=3.8, d=9.7, f=21.08;
    P(D F,a,b);
    P(D F,c,d);
    P(D F,e,f);
}
```

4.9.2 带参宏定义

C语言允许宏带有参数。在宏定义中的参数称为形式参数，在宏调用中的参数称为实际参数。

对带参数的宏，在调用中，不仅要宏展开，而且要用实参去代换形参。

带参宏定义的一般形式为：

```
#define  宏名(形参表)  字符串
```

在字符串中含有各个形参。

带参宏调用的一般形式为：

```
宏名(实参表);
```

例如：

```
#define M(y) y*y+3*y        /*宏定义*/
……
k=M(5);                     /*宏调用*/
……
```

在宏调用时，用实参5去代替形参y，经预处理宏展开后的语句为：

```
k=5*5+3*5
```

【例4.10】

```
#define MAX(a,b) (a>b)?a:b
main()
{
    int x,y,max;
    printf("input two numbers: ");
    scanf("%d%d",&x,&y);
    max=MAX(x,y);
    printf("max=%d\n",max);
}
```

上例程序的第一行进行带参宏定义，用宏名MAX表示条件表达式(a>b)?a:b，形参a、b均出现在条件表达式中。程序第七行max=MAX(x,y)为宏调用，实参x、y，将代换形参a、b。宏展开后该语句为：

max=(x>y)?x:y;

用于计算x、y中的大数。

对于带参的宏定义有以下问题需要说明：

1.带参宏定义中，宏名和形参表之间不能有空格出现。

例如，把：

> #define MAX(a,b) (a>b)?a:b

写为：

> #define MAX (a,b) (a>b)?a:b

将被认为是无参宏定义，宏名MAX代表字符串(a,b) (a>b)?a:b。宏展开时，宏调用语句：

> max=MAX(x,y);

将变为：

> max=(a,b)(a>b)?a:b(x,y);

这显然是错误的。

2.在带参宏定义中，形式参数不分配内存单元，因此不必作类型定义。而宏调用中的实参有具体的值，要用它们去代换形参，因此必须作类型说明。这是与函数中的情况不同的。在函数中，形参和实参是两个不同的量，各有自己的作用域，调用时要把实参值赋予形参，进行"值传递"。而在带参宏中，只是符号代换，不存在值传递的问题。

3.在宏定义中的形参是标识符，而宏调用中的实参可以是表达式。

【例4.11】

```
#define SQ(y) (y)*(y)
main(){
    int a,sq;
    printf("input a number: ");
    scanf("%d",&a);
    sq=SQ(a+1);
    printf("sq=%d\n",sq);
}
```

上例中第一行为宏定义，形参为y。程序第七行宏调用中实参为a+1，是一个表达式，在宏展开时，用a+1代换y，再用(y)*(y)代换SQ，得到如下语句：

    sq=(a+1)*(a+1);

这与函数的调用是不同的，函数调用时要把实参表达式的值求出来再赋予形参。而宏代换中对实参表达式不作计算，直接照原样代换。

4.在宏定义中，字符串内的形参通常要用括号括起来以避免出错。

在上例中的宏定义中，(y)*(y)表达式的y都用括号括起来，因此结果是正确的。如果去掉括号，把程序改为以下形式：

【例4.12】

```
#define SQ(y) y*y
main()
{
    int a, sq;
    printf("input a number: ");
    scanf("%d", &a);
    sq=SQ(a+1);
    printf("sq=%d\n", sq);
}
```

运行结果为：

input a number:3

sq=7

同样输入3，但结果却是不一样的。问题在哪里呢?这是由于代换只作符号代换而不作其他处理而造成的。宏代换后，将得到以下语句：

    sq=a+1*a+1;

由于a为3，故sq的值为7。这显然与题意相违，因此参数两边的括号是不能少的，即使在参数两边加括号还是不够的，请看下面程序：

【例4.13】

```
#define SQ(y) (y)*(y)
main()
{
    int a, sq;
    printf("input a number: ");
    scanf("%d", &a);
    sq=160/SQ(a+1);
    printf("sq=%d\n", sq);
}
```

本程序与前例相比，只把宏调用语句改为：

    sq=160/SQ(a+1);

运行本程序如输入值仍为3时，希望结果为10。但实际运行的结果如下：

    input a number:3

    sq=160

为什么会得出这样的结果呢?分析宏调用语句，在宏代换之后变为：

    sq=160/(a+1)*(a+1);

a为3时，由于"/"和"*"运算符优先级和结合性相同，则先作160/(3+1)得40，再作40*(3+1)最后得160。为了得到正确答案，应在宏定义中的整个字符串外加括号，于是程序修改如下：

【例4.14】

```
#define SQ(y) ((y)*(y))
main()
{
    int a,sq;
    printf("input a number: ");
    scanf("%d",&a);
    sq=160/SQ(a+1);
    printf("sq=%d\n",sq);
}
```

以上讨论说明，对于宏定义不仅应在参数两侧加括号，也应在整个字符串外加括号。

5.带参的宏和带参函数很相似，但有本质上的不同，除上面已谈到的几点外，把同一表达式用函数处理与用宏处理，两者的结果有可能是不同的。

【例4.15】

```
main()
{
    int i=1;
    while(i<=5)
      printf("%d\n",SQ(i++));
}
SQ(int y)
{
    return((y)*(y));
}
```

【例4.16】

```
#define SQ(y) ((y)*(y))
main()
{
    int i=1;
    while(i<=5)
    printf("%d\n",SQ(i++));
}
```

在例4.15中函数名为SQ，形参为Y，函数体表达式为((y)*(y))。在例4.16中宏名为SQ，形参也为y，字符串表达式为((y)*(y))。例4.15的函数调用为SQ(i++)，例4.16的宏调用为SQ(i++)，实参也是相同的。从输出结果来看，却大不相同。

分析如下：在例4.15中，函数调用是把实参i值传给形参y后自增1。然后输出函数值。因而要循环5次，且输出1～5的平方值。而在例4.16中宏调用时，只作代换，SQ(i++)被代换为((i++)*(i++))。在第一次循环时，由于i等于1，其计算过程：表达式中前一个i初值为1，然后i自增1变为2，因此表达式中第2个i初值为2，两者相乘的结果也为2，然后i值再自增1得3。在第二次循环时，i值已有初值为3，因此表达式中前一个i为3，后一个i为4，乘积为12，然后i再自增1变为5。进入第三次循环，由于i值已为5，所以这将是最后一次循环，计算表达式的值为5*6等于30。i值再自增1变为6，不再满足循环条件，停止循环。

从以上分析可以看出函数调用和宏调用二者在形式上相似，在本质上是完全不同的。

6.宏定义也可用来定义多个语句，在宏调用时，把这些语句又代换到源程序内。请看下面的例子：

【例4.17】

```
#define SSSV(s1, s2, s3, v)  s1=l*w;s2=l*h;s3=w*h;v=w*l*h;
main()
{
    int l=3, w=4, h=5, sa, sb, sc, vv;
    SSSV(sa, sb, sc, vv);
    printf("sa=%d\nsb=%d\nsc=%d\nvv=%d\n", sa, sb, sc, vv);
}
```

程序第一行为宏定义，用宏名SSSV表示4个赋值语句，4个形参分别为4个赋值符左部的变量。在宏调用时，把4个语句展开并用实参代替形参，使计算结果送入实参之中。

4.10 类型定义符typedef

C语言不仅提供了丰富的数据类型，而且还允许由用户自己定义类型说明符，也就是说，允许由用户为数据类型取"别名"。类型定义符typedef即可用来完成此功能。例如，有整型量a、b，其说明如下：

    int a,b;

其中int是整型变量的类型说明符，int的完整写法为integer。为了增加程序的可读性，可把整型说明符用typedef定义为：

    typedef int INTEGER

这以后就可用INTEGER来代替int作整型变量的类型说明了。

例如：

    INTEGER a,b;

它等效于：

    int a,b;

用typedef定义数组、指针、结构等类型将带来很大的方便，不仅使程序书写简单而且使意义更为明确，因而增强了可读性。

例如：

    typedef char NAME[20];

表示NAME是字符数组类型，数组长度为20，然后可用NAME说明变量，如：

    NAME a1, a2, s1, s2;

完全等效于：

    char a1[20], a2[20], s1[20], s2[20]

又如：

    typedef struct stu
    {
        char name[20];
```
```

```
    int age;
    char sex;
}STU;
```

定义STU表示stu的结构类型，然后可用STU来说明结构变量：

```
STU body1,body2;
```

typedef定义的一般形式为：

```
typedef  原类型名   新类型名
```

其中原类型名中含有定义部分，新类型名一般用大写表示，以便于区别。

有时也可用宏定义来代替typedef的功能，但是宏定义是由预处理完成的，而typedef则是在编译时完成的，后者更为灵活方便。

4.11 用extern声明外部变量

外部变量（即全局变量）是在函数的外部定义的，它的作用域为从变量定义处开始，到本程序文件的末尾。如果外部变量不在文件的开头定义，其有效的作用范围只限于定义处到文件终了。如果在定义点之前的函数想引用该外部变量，则应该在引用之前用关键字extern对该变量作"外部变量声明"。表示该变量是一个已经定义的外部变量。有了此声明，就可以从"声明"处起，合法地使用该外部变量。

【例4.18】用extern声明外部变量，扩展程序文件中的作用域。

```
int max(int x,int y)
{
    int z;
    z=x>y?x:y;
    return(z);
}
main()
{
    extern A,B;
    printf("%d\n",max(A,B));
}
int A=13,B=-8;
```

说明：在本程序文件的最后一行定义了外部变量A、B，但由于外部变量定义的位置在函数main之后，因此本来在main函数中不能引用外部变量A、B。现在我们在main函数中用extern对A和B进行"外部变量声明"，就可以从"声明"处起，合法地使用该外部变量A和B。

4.12 用static声明局部变量

有时希望函数中的局部变量的值在函数调用结束后不消失而保留原值，这时就应该指定局部变量为"静态局部变量"，用关键字static进行声明。

【例4.19】考察静态局部变量的值。

```
f(int a)
{
    auto b=0;
```

```
        static c=3;
        b=b+1;
        c=c+1;
        return(a+b+c);
    }
main()
{
    int a=2,i;
    for(i=0;i<3;i++);
    printf("%d",f(a));
}
```

对静态局部变量的说明：

1）静态局部变量属于静态存储类别，即在静态存储区内分配存储单元，且在程序整个运行期间都不释放。而自动变量（即动态局部变量）属于动态存储类别，占动态存储空间，函数调用结束后即释放。

2）静态局部变量在编译时赋初值，即只赋初值一次。而对自动变量赋初值是在函数调用时进行，每调用一次函数重新给一次初值，相当于执行一次赋值语句。

3）如果在定义局部变量时不赋初值的话，则对静态局部变量来说，编译时自动赋初值0（对数值型变量）或空字符（对字符变量）。而对自动变量来说，如果不赋初值则它的值是一个不确定的值。

【例4.20】打印1到5的阶乘值。

```
int fac(int n)
{
    static int f=1;
    f=f*n;
    return(f);
}
main()
{
    int i;
    for(i=1;i<=5;i++)
    printf("%d!=%d\n",i,fac(i));
}
```

4.13 用const声明常量

取代了C中的宏定义，声明时必须进行初始化(!c++类中则不然)。const限制了常量的使用方式，并没有描述常量应该如何分配。如果编译器知道了某const的所有使用，它甚至可以不为该const分配空间。最简单的常见情况就是常量的值在编译时已知，而且不需要分配存储。用const声明的变量虽然增加了分配空间，但是可以保证类型安全。

1.限定符声明变量只能被读。

```
const int i=5;
int j=0; ...
i=j;    //非法，导致编译错误
```

    j=i;　　//合法

2.必须初始化 。

  const int i=5;　　　　//合法

  const int j;　　　　　//非法，导致编译错误

3.在另一连接文件中引用const常量。

  extern const int i;　　　//合法

  extern const int j=10;　　//非法，常量不可以被再次赋值

4.便于进行类型检查。

  用const方法可以使编译器对处理内容有更多了解。

  #define I=10　　　const long &i=10;

提醒：由于编译器的优化，使得在const long i=10;时i不被分配内存，而是已10直接代入以后的引用中，以致在以后的代码中没有错误，为达到说教效果，特别地用&i明确地给出了i的内存分配。不过一旦你关闭所有优化措施，即使const long i=10;也会引起后面的编译错误。

  char h=I;　　　　　//没有错

  char h=I;　　　　　　//编译警告，可能由于数的截短带来错误赋值。

5.可以避免不必要的内存分配。

  #define STRING "abcdefghijklmn\n"

  const char string[]="abcdefghijklm\n";

   ...

  printf(STRING);　　//为STRING分配了第一次内存

  printf(string);　　//为string一次分配了内存，以后不再分配

  printf(STRING);　　//为STRING分配了第二次内存

由于const定义常量从汇编的角度来看，只是给出了对应的内存地址，而不是像#define一样给出的是立即数，所以，const定义的常量在程序运行过程中只有一份拷贝，而#define定义的常量在内存中有若干个拷贝。

6.可以通过函数对常量进行初始化。

  int value();

  const int i=value();

7.是不是const的常量值一定不可以被修改呢？

  观察以下一段代码：

  const int i=0;

  int *p=(int*)&i;

  p=100;

通过强制类型转换，将地址赋给变量，再作修改，即可以改变const常量值。

小 结：

    本章主要讲解了在C语言中的一个复合型的数据类型--结构体的定义，变量的说明，成员的表示方法以及变量的赋值、初始化等；还对结构数组、结构指针变量的混合应用进行了详细的讲解。另外还对C语言中的枚举类型以及宏定义，类型定义符typedef，外部变量声明extern，局部变量声明static，常量声明const等关键字的用法进行了说明。

数据结构与算法简介

5.1 数据结构基本概念和术语

1.数据

数据是用于描述客观事物的数值、字符，以及一切可以输入到计算机中的并由计算机程序加以处理的符号的集合。其范围随着计算机技术的发展而不断发展。（图像、音视频等）

2.数据元素

数据的基本单位是数据元素，在计算机程序中通常作为一个整体进行考虑和处理。

3.数据项

是数据的不可分割的最小单位，一个数据元素可由若干个数据项组成。

4.数据对象

性质相同的元素的集合叫做数据对象。

5.结点

数据元素在机内的位串表示，即数据元素在计算机内的映象。

6.域/字段

当数据元素由若干个数据项组成时，位串中对应于各个数据项的子串称为域/字段，是数据元素中数据项在计算机中的映象。

7.信息表

计算机程序所作用的一组数据通常称为信息表，是数据对象在计算机中的映象。

8.数据结构

数据结构指的是数据元素之间的相互关系，这种关系是抽象的，即并不涉及数据元素的具体内容,是数据元素及其相互间的关系的数学描述。

9.逻辑结构和存储结构

（1）逻辑结构

数据结构中描述的是数据元素之间的抽象关系(逻辑关系)，称为逻辑结构。

（2）存储结构/物理结构

数据结构在计算机中的表示（映象），称为存储结构/物理结构。

数据元素之间的（逻辑结构）关系在计算机中有两种表示方法：

1)顺序映象(表示)和非顺序映象(表示)，从而导致两种不同的存储结构：顺序结构和链式结构。顺序映象（表示）的特点是借助数据元素在存储器中的相对位置来表示数据元素之间的逻辑关系。

2)非顺序映象（表示）的特点是借助指示数据元素存储地址的指针来表示数据元素之间的逻辑关系。

四种基本的逻辑结构

1.集合结构

结构中的数据元素之间除了<属于同一个集合>的关系之外，并无其他关系。关系比较松散，可用其他结构来表示。

2.线性结构

结构中的数据元素之间存在一个对一个的关系，即线性关系，每个元素至多有一个直接前导和后继。

3.树形结构

结构中的数据元素之间存在一个对多个的关系，即层次关系，即每一层上的元素可能与下层的多个元素相关，而至多与上层的一个元素相关。

4.网状/图形结构

结构中的数据元素之间存在多个对多个的关系，即任意关系，任何元素之间都可能有关系。

5.2 程序的灵魂——算法

一个程序应包括：

1)对数据的描述。在程序中要指定数据的类型和数据的组织形式，即数据结构（data structure）。

2)对操作的描述。即操作步骤，也就是算法（algorithm）。

本课程的目的是使读者知道怎样编写一个C程序，进行编写程序的初步训练，因此只介绍算法的初步知识。

5.2.1 算法的概念

做任何事情都有一定的步骤。为解决一个问题而采取的方法和步骤，称为算法。计算机算法可分为两大类：

1)数值运算算法：求解数值。

2)非数值运算算法：事务管理领域。

5.2.2 算法的特点

1. 有穷性：一个算法应包含有限的操作步骤，而不能是无限的。

2. 确定性：算法中每一个步骤应当是确定的，而不能是含糊的、模棱两可的。

3. 有零个或多个输入。

4. 有一个或多个输出。

5. 有效性：算法中每一个步骤应当能有效地执行，并得到确定的结果。

对于程序设计人员，必须会设计算法，并根据算法写出程序。

5.2.3 简单算法举例

【例5.1】求1×2×3×4×5。

最原始方法：

步骤1：先求1×2，得到结果2。

步骤2：将步骤1得到的乘积2乘以3，得到结果6。

步骤3：将6再乘以4，得24。

步骤4：将24再乘以5，得120。

这样的算法虽然正确，但太繁。

改进的算法：

S1：使t=1

S2：使i=2

S3：使t×i，乘积仍然放在变量t中，可表示为t×i→t

S4：使i的值+1，即i+1→i

S5：如果i≤5，返回重新执行步骤S3以及其后的S4和S5；否则，算法结束。

如果计算100！只需将S5:若i≤5，改成i≤100即可。

如果为求1×3×5×7×9×11，算法也只需做很少的改动：

S1：1→t

S2：3→i

S3：t×i→t

S4：i+2→t

S5:若i≤11，返回S3，否则，结束。

该算法不仅正确，而且是计算机较好的算法，因为计算机是高速运算的自动机器，实现循环轻而易举。

思考：若将 S5写成：S5:若i＜11，返回S3;否则，结束。

【例5.2】有50个学生，要求将他们之中成绩在80分以上者打印出来。

如果，n表示学生学号，ni表示第i个学生学号；g表示学生成绩，gi表示第i个学生成绩；

则算法可表示如下：

S1：1→i

S2：如果gi≥80，则打印ni和gi，否则不打印

S3：i+1→i

S4:若i≤50，返回S2，否则，结束。

【例5.3】判定2000—2500年中的每一年是否闰年，将结果输出。

闰年的条件：

1)能被4整除，但不能被100整除的年份；

2)能被100整除，又能被400整除的年份；

设y为被检测的年份，则算法可表示如下：

S1：2000→y

S2:若y不能被4整除，则输出y"不是闰年"，然后转到S6

S3:若y能被4整除，不能被100整除，则输出y"是闰年"，然后转到S6

S4:若y能被100整除，又能被400整除，输出y"是闰年"，否则输出y"不是闰年"，然后转到S6

S5:输出y"不是闰年"。

S6:y+1→y

S7:当y≤2500时，返回S2继续执行，否则，结束。

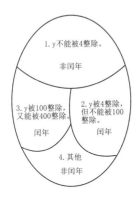

【例5.4】对一个大于或等于3的正整数，判断它是不是一个素数。

算法可表示如下：

S1: 输入n的值

S2: i=2

S3: n被i除，得余数r

S4: 如果r=0，表示n能被i整除，则打印n"不是素数"，算法结束；否则执行S5

S5: i+1→i

S6: 如果i≤n-1，返回S3；否则打印n"是素数"；然后算法结束。

改进：

S6: 如果i≤$\sqrt{n}$ ，返回S3；否则打印n"是素数"；然后算法结束。

小结：

    本章主要让大家了解一下数据结构和算法的一些简单知识，如数据结构的一些概念和术语，算法的概念、特点、用法等，方便以后在iOS开发过程中能够很好地理解和使用相关的知识。

 第六章

Objective-C基础

6.1 Objective-C概述

　　Objective-C，通常写作ObjC和较少使用的Objective C或者Obj-C。在本书中我们为了方便阅读和记忆，也称其为OC。它是苹果Mac OS X、iOS平台的主要开发语言,是编写iOS操作系统(如：iphone、ipod touch、ipad 等苹果移动终端设备)应用程序的利器。

　　Objective-C是C语言的一个扩展集,增加了面向对象的相关特性,是一种面向对象的语言。可以把它当成另外一个版本的C++,只是它采用了与C++不同的语法,比如：只允许单根继承（根是NSObject）,增加了代理、类别、通知等扩展类的设计模式；没有私有变量一说,当需要访问OC类成员变量,就需要将类成员设置成类属性；扩展了标识符"@"等。

6.2 开发工具Xcode

　　Xcode是苹果公司向开发人员提供的集成开发环境（非开源）,用于开发Mac OS X, iOS的应用程序，其运行于苹果公司的Mac操作系统下。不管用C、C++、Objective-C或Java编写程序,在AppleScript里编写脚本,还是试图从另一个奇妙的工具中转移编码,都会发现Xcode编译速度极快,每次操作都很快速和轻松。苹果公司为用户提供了全套免费的Cocoa程序开发工具（Xcode）,和Mac OS X一起发行,可以从官网（developer.apple.com）或App Store下载。

　　Xcode允许你开发基于iOS的iPad、iPhone、iPodTouch等设备的应用程序,只要你有MacOSX Snow Leopard 10.6.2 以上版本 MacOSX操作系统,便可安装iOS sdk；如果你有iOS设备,便可让Xcode把应用程序部署到你的iOS设备上,不然,你还可以使用iOS模拟器进行调试。Xcode提供了友好而方便的应用程序开发环境,这样你就可以开发出良好的iOS应用程序了。随着iOS系统的不断升级,Xcode的版本也在不断更新,目前最新的版本是2013年1月30日推出的Xcode4.6,是与iOS6.1同步的。

　　下面列出了Xcode一些常用的快捷键,可以更方便地操作Xcode工具：

(1) 文件

CMD + N: 新文件；　　　　　　　　CMD + SHIFT + N: 新项目；

CMD + O: 打开；　　　　　　　　　CMD + S: 保存；

CMD + SHIFT + S: 另存为；   CMD + W: 关闭窗口；

CMD + SHIFT + W: 关闭文件

(2) 编辑

CMD + [: 左缩进；CMD +]: 右缩进； CMD + OPT + LEFT: 折叠；

CMD + OPT + RIGHT: 取消折叠；   CMD + OPT + TOP: 折叠全部函数；

CMD + OPT + BOTTOM: 取消全部函数折叠；

CMD + /: 注释或取消注释；   CTRL + .: 参数提示；

ESC: 自动提示列表

(3) 调试

CMD + \: 设置或取消断点；

CMD + OPT + \: 允许或禁用当前断点；

CMD + OPT + B: 查看全部断点；

CMD + R: 编译并运行（不触发断点）；

CMD + Y: 编译并调试（触发断点）；

CMD + B: 编译；

CMD + SHIFT + K: 清理；

6.3 Hello World解析

你可能见过C语言版本的经典"Hello World"程序，该程序可输出"Hello，World！"或类似的简短语句。"Hello World"通常是学习一门语言的第一个程序。下面我们来看一下Objective-C的第一个程序——Hello World。

首先，我们需要创建工程，假定你已经在你的苹果系统上下载了Xcode工具。那么请打开Xcode工具后选择新建工程，则出现如图6-1的界面，在左侧选择Application，右侧选择Command Use Tool，然后点击Next进入下一页面。

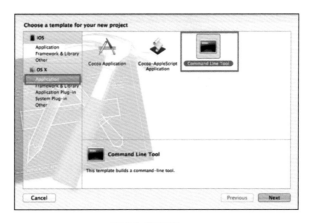

图6-1 生成OC工程

如图6-2，填写工程名"Hello World"，注意，通常情况下OC中的工程名和类名首字母都要大写，然后Type选项选择Foundation框架，这样就会进入OC语言模式，其他还有C、C++等模式，然后选择Next继续。

如图6-3进入程序界面，左侧是文件导航页面，右侧上半部分是程序代码区，右侧下面部分是控制台，可以进行输入输出等操作，这样我们的工程就建立完成了，Xcode自动生成了Hello World程序，点击左上角的运行按钮或者使用快捷键Command+R运行程序，下面的控制台即打印出Hello World语句，如图6-3右侧下半部分。Xcode自动把运行的日期、时间、程序名等信息打印出来，后续我们将会对此详细介绍，下面我们对代码作一下简单的分析：

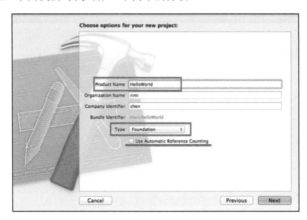

图6-2 选择框架并命名新工程

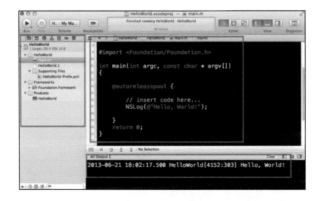

图6-3 运行Hello World程序

```
#import <Foundation/Foundation.h>
int main(int argc, const char * argv[])*
{
    @autoreleasepool {
        // insert code here...
        NSLog(@"Hello, World!");
    }
    return 0;
}
```

6.3.1 #import

和C语言一样，Objective-C使用头文件来包含元素声明，这些元素包括结构体、符号常量、函数原型等。C语言使用#include语句通知编译器应在头文件中查询定义。在Objective-C程序中也可使用#include来实现这个目的。但你可能永远不会那么做，而会像下面这样使用#import:

#import <Foundation/Foundation.h>

#import是GCC编译器提供的，Xcode在编译Objective-C、C和C++程序时都会使用它。#import可保证头文件只被包含一次，而不论此命令实际上在那个文件中出现了多少次。#import<Foundation/Foundation.h>告诉编译器查看Foundation框架中的Foundation.h文件。

下面就需要补充一个知识点——框架：框架是一种聚集在一个单元的部件集合，包含头文件、库、图像、声音文件等。苹果公司将Cocoa、Carbon、QuickTime和OpenGL等技术作为框架集提供。Cocoa的组成部分有Foundation和Application Kit（AppKit）框架。还有一个支持框架的套件，包含Core Animation和Core Image，这为Cocoa增添了多种精彩功能。

6.3.2 NSLog（）

NSLog(@"Hello, World!")

此代码可向控制台输出"Hello, World！"。如果学过C语言一定遇到过printf（）。而NSLog（）在这个Cocoa函数中的作用和printf（）很相似。和printf（）一样，NSLog（）接受一个字符串作为其第一个参数，该字符串可包含格式说明符（如%d）。次函数还可以接受匹配格式说明符的其他参数，printf（）可在打印之前将这些参数插入到作为第一个参数的字符串中。NSLog（）添加了新的特性，如时间戳、日期戳和自动附加换行符（'\n'）等。

这里还需注意的是"NS"，Cocoa对其所有函数、常量和类型名称都添加了"NS"前缀。这个前缀告诉我们，函数来自Cocoa而不是其他工具包。两个不同事物使用相同标识符会导致名称冲突，而前缀可以预防这个大问题。如果Cocoa将此函数命名为Log（），那么这个名称很可能和一些程序员创建的Log（）函数冲突。当包含Log（）的程序和Cocoa一起构建时，Xcode会警告Log（）被多次定义，将产生糟糕的结果。

6.3.3 @"字符串"

NSLog(@"Hello, World!")

再看这条语句，是否注意到字符串前的@符号？这可不是我们警惕的编辑漏掉的录入错误。@符号是Objective-C在标准C语言基础上添加的特性之一。双引号中的字符串有一个@符号，这表示引用的字符串应该作为Cocoa的NSString元素来处理。NSString我们将在后面的章节中详细介绍。

6.3.4 注释

Objective-C中的注释有两种：
单行注释：//
多行注释：/* */
"//"后面的内容（同行）被编译器看做是注释。

"/*注释部分*/"两个"*"之间的部分为注释部分。

程序编译时，不会把注释当做源码进行编译，所以注释不会影响程序的有效运行。

6.3.5 #progma mark

一个编译指令，它的作用是提供了一种可以清晰地给众多的方法做组织分类的手段，或者说，它可以帮助我们更好地组织实现代码。通俗来讲，就是分割多个方法，快速定位。

6.4面向对象和面向过程

面向对象和面向过程是两种不同的思考方式。面向过程是以事件为中心的编程模式，事件是主体，即分析事件需要经过多少步骤完成，然后用函数将这些步骤一一实现，最后按顺序调用这些函数以完成事件。面向对象是以事务为中心的编程模式，事务是主体，即分析完成一任务需要多少事务参与，各个事务在任务中担当什么职责，有哪些参与者协调完成任务。

例如五子棋，面向过程的设计思路就是首先分析问题的步骤：1、开始游戏；2、黑子先走；3、绘制画面；4、判断输赢；5、轮到白子；6、绘制画面；7、判断输赢；8、返回步骤2；9、输出最后结果。把上面每个步骤用分别的函数来实现，问题就解决了。

面向对象的设计则是从另外的思路来解决问题。整个五子棋可以分为：1、黑白双方，这两方的行为是一模一样的；2、棋盘系统，负责绘制画面；3、规则系统，负责判定诸如犯规、输赢等。第一类对象（玩家对象）负责接受用户输入，并告知第二类对象（棋盘对象）棋子布局的变化，棋盘对象接收到了棋子的变化就要负责在屏幕上面显示出这种变化，同时利用第三类对象（规则系统）来对棋局进行判定。

可以明显地看出，面向对象是以功能来划分问题，而不是步骤。同样是绘制棋局，这样的行为在面向过程的设计中分散在了众多步骤中，很可能出现不同的绘制版本，因为通常设计人员会考虑到实际情况进行各种各样的简化。而面向对象的设计中，绘图只可能在棋盘对象中出现，从而保证了绘图的统一。

功能上的统一，保证了面向对象设计的可扩展性。比如我要加入悔棋的功能，如果要改动面向过程的设计，那么从输入到判断到显示这一连串的步骤都要改动，甚至步骤之间的顺序都要进行大规模调整。如果是面向对象的话，只用改动棋盘对象就行了，棋盘系统保存了黑白双方的棋谱，简单回溯就可以了，而显示和规则判断则不用顾及，同时整个对象功能的调用顺序都没有变化，改动只是局部的。

再比如，我要把这个五子棋游戏改为围棋游戏，如果你是面向过程设计，那么五子棋的规则就分布在了你的程序的每一个角落，要改动还不如重写。但是，如果你当初就是面向对象的设计，那么你只用改动规则对象就可以了，五子棋和围棋的区别不就是规则吗？（当然棋盘大小好像也不一样，但是你会觉得这是一个难题吗？直接在棋盘对象中进行一番小改动就可以了）而下棋的大致步骤从面向对象的角度来看，没有任何变化。

当然，要达到改动只是局部地需要设计人员有足够的经验，使用对象不能保证你的程序就是面向对象，初学者或者是蹩脚的程序员，很可能以面向对象之虚而行面向过程之实，这样设计出来的所谓面向对象的程序很难有良好的可移植性和可扩展性。

小结：

　　本章中，我们初步认识了一门新的语言：Objective-C，了解了iOS的开发环境，也编写了自己的第一个Objective-C程序：Hello World。下面你也可以编写一个Hello Objective-C或者Hello iOS等程序。另外，也知道了Objective-C对C语言的一些扩展，比如#import让编译器引入一次头文件（且仅引入一次）。学习了OC中的@"字符串"，例如@"Hello World"。使用了重要且通用的NSLog()，Cocoa提供的这个函数可将文本输出到控制台。懂得了在OC中如何写注释，如何快速定位，这些在我们以后的程序开发过程中会有很大的帮助。

类和对象

7.1 认识对象

对象是现实事物中的一个实体，我们能够看到或者感受到。比如你本人，你坐的椅子，你的Mac电脑等，对象一般比较具体。

面向过程编程将编程问题分为两个部分：数据和针对这些数据的操作。而面向对象编程将数据和操作组成模块单元，被称为对象。这些对象能组成一个结构化的网络来形成完整的程序，就像把拼图拼在一起组成图片一样。与面向过程编程注重数据和功能之间的交互不同，面向对象编程的重点在于对象的设计及对象之间的交互。

7.2 认识类

现实世界中有很多对象是属于同一类的。举一个演出的例子，每个参加演出的人员都是众多演员中的一个，按面向对象编程的术语来说，每一个演出人员都是演员的一个实例（instance）。对象的每个实例都有自己的状态，相对于其他实例而言，他们都是独立存在的。每个演出人员演出的节目都是有区别的，每个演出人员扮演的角色也是不一样的。但就像所有的演出人员都有共同的特点（都是表演者）一样，一个特定对象的所有实例对外部世界暴露的功能都相同。

为了描述一个对象，我们需要定义一个类。我们可以把类看作是生成对象实例的一个蓝图，它为我们提供了所有信息，以生成一个新的对象实例。每个类不仅定义了内部变量，用以保存对象实例的数据，而且也定义了方法（method），用以操作数据。这些方法还定义了对象的接口。所谓接口，就是规定这个对象如何被其他对象调用。

类是对对象的抽象，相同事物的提炼或者总结。类不单指某个对象，而且是对他们的统称。类和结构体类似，只不过比结构体多了一些行为。可以认为类是一个模具，对象是模具创建出来的事物。

7.3 OC中类的定义

在Objective-C里面，类的定义包含两部分：接口部分（interface）和实现部分（implementation）。接口部分声明了类与父类的名字，实例变量以及方法；实现部分完成了对方法的实现。这两部分通常会放在不同的文件中。

7.3.1 接口（interface）

接口的声明以@interface编译指令开始，以@end指令结束：

@interface 类名：父类名{

变量列表

}

方法列表

@end

第一行声明了要定义的类的名字，冒号后面指定了父类的名字，通过指定父类来确定在继承树中的位置；如果不指定父类的话，则新类被认为是一个和NSObject同级的类。

大括号中所括的部分是实例变量的声明，实例变量构成了对象中的数据结构。

方法的声明在大括号之后，@end之前。

注意：任何其他源文件想要使用一个接口时，都要包含它，接口包含使用#import指令来进行：#import "PeopleClass.h"，如果要包含类库中的类接口，使用<>而不是""，且需要指定类在类库中的目录：#import<UIKit/UIKit.h>

接口主要有以下作用：

⑴ 告诉用户它定义的类在继承树中是如何与别的类连接的，而且对哪些类作了引用；

⑵ 告诉编译器它所定义的对象应包含哪些实例变量；

⑶ 告诉用户它有哪些方法可以调用（仅供类实现内部使用的方法不在接口中声明）。

7.3.2 实现（implementation）

实现的定义与接口很相似，以@implementation指令开始，以@end指令结束：

#import "类名.h"

@implementation 类名

方法的实现

@end

实现必须包含自己的接口文件，即用import导入接口头文件。

方法的定义如同C语言函数，使用"方法声明"中同样的命名格式，以一对大括号来括起具体的实现代码：

@implementation <#class#>

-(Type)MethodeName{

…

}

+(Type)MethodeName{

…

}

-(Type)MethodeNamePara1:(Type)PName1 Para2:(Type)P2……{

…

}

+(Type)MethodeNamePara1:(Type)PName1 Para2:(Type)P2……{

```
    ...
    }
@end
```

7.3.3 Struct和Class比较

(1) class成员变量存在权限设置。

(2) class里面可以包含成员函数和成员变量，而struct里面基本只是成员变量。其实最早时，在没有c++ class的时候，是通过在struct中定义函数指针，如此来实现类似于c++成员函数的功能的，后来就演变成了c++的类了。

```
struct PeopleStruct{
    int PeopleType;
};
@interface PeopleClass : NSObject{
    @private
    @protected
    @public
    int PeopleType;
}
-(void)setPeopleType:(int)type;
@end
@implementation PeopleClass
-(void)setPeopleType:(int)type{
    peopleType=type;
}
}
```

7.4 创建对象

类的定义完成后，编译器在内存中自动生成唯一的类对象。实例对象都是通过调用类对象的类方法生成的，类对象是工厂，同时也是蓝图，实例对象是产品。

Objective-C创建对象需要两个基本步骤：

(1) 内存分配：为新的对象动态分配一段内存地址；

(2) 初始化：为这段内存空间中填上合适的初始值。

只有完成这两步以后，这个对象才能够真正开始行驶功能，两个步骤在代码中是分别完成的：

ClassA * a=[ClassA alloc];//对象生成和空间分配

[a init];//初始化

但是，通常我们将它们合起来一次完成：

ClassA * a=[[ClassA alloc] init];

将创建对象的两个步骤分开，使得我们可以对这两个过程分别进行控制。

7.4.1 类方法和实例方法

类方法 "+"方法：

即通过类名直接访问的方法，如：

+(UIButton *)buttonWithType(UIButtonType)type

实例方法 "-"方法：

即必须通过类实例化对象后才能访问，不能直接通过类名访问的方法，如：

-(id)initWithFrame(CGRect)frame

在面向对象中习惯上把函数叫做方法。函数是面向过程的产物，方法是面向对象的产物。Objective-C里的方法声明包含以下几个部分：

(1) 方法标识 "+"表示类方法，"-"表示实例方法；

(2) 方法的返回值；

(3) 方法名称；

(4) 方法参数的个数，顺序以及类型。

例如：-（id）initWithFrame：（CGRect）frame

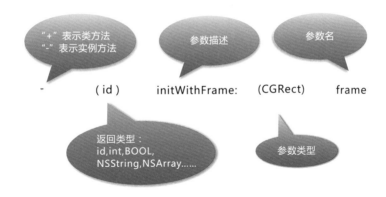

例子：

```
@interface PrintClass:NSObject
{
    int a;
}
-(void)Print1;
+(void)Print2;
-(void)Print3P:(int)p1 p2:(int)p2;
+(void)Print4P:(int)p1 p2:(int)p2;
@end
@implementation PrintClass
-(void)Print1{
    NSLog(@"Print1:Hello World!");
```

```
    }
+(void)Print2{
    NSLog(@"Print2:Hello World!");
    }
-(void)Print3P:(int)p1 p2:(int)p2{
    NSLog(@"Print3:Hello World!");
    NSLog(@"%d %d",p1,p2);
    }
+(void)Print4P:(int)p1 p2:(int)p2{
    NSLog(@"Print4:Hello World!");
    NSLog(@"%d %d",p1,p2);
    }
@end
```
调用方式:
```
    [PrintClass Print2];
    [PrintClass Print4P:1 p2:2];

    PrintClass * p=[[PrintClass alloc] init];
    [p Print1];
    [p Print3P:1 p2:2];
    [p release];
```
输出结果:

```
2013-02-27 10:19:15.381 OC_Test[1022:c07] Print2:Hello World!
2013-02-27 10:19:15.381 OC_Test[1022:c07] Print4:Hello World!
2013-02-27 10:19:15.381 OC_Test[1022:c07] 1 2
2013-02-27 10:19:15.381 OC_Test[1022:c07] Print1:Hello World!
2013-02-27 10:19:15.382 OC_Test[1022:c07] Print3:Hello World!
2013-02-27 10:19:15.382 OC_Test[1022:c07] 1 2
```

7.4.2 内存分配

Objective-C中,NSObject提供了两个默认内存分配方法:

+alloc;

+allocWithZone:(NSZone *)zone

内存分配方法初始化了新对象的isa变量,并将其他所有变量的值都置0,内存分配方法不应该复写或者进行改动。

注意:isa则相当于java中每个对象的class,就像我们平时写的XXX.getClass()或XXX.class。OC中的isa指向了其类对象,想一下,我们在java中使用反射时不都是需要取得其类对象嘛!OC也一样,类对象isa也是用在运行时获取对象的类信息的。这样说,其实和java中的class概念是一致的。

7.4.3 初始化

通常情况下，初始化方法对接收方对象的实例进行初始化，然后将对象本身返回。初始化方法的主要职责是要保证它返回的对象在使用时不会出现错误。程序应当使用由初始化方法返回的对象，而不是直接使用内存分配方法返回的对象，否则很容易出错，比如：初始化方法无法正常执行它被要求执行的功能，如文件访问错误；初始化方法返回的对象并不是接收者对象本身，如对象重名。所以，下面的代码是非常危险的，因为它完全忽视了初始化方法的返回值状态：

```
id anObject = [SomeClass alloc];
[anObject init];
[anObject someOtherMessage];
```

为了安全地初始化新对象，应该把内存分配方法和初始化方法结合起来使用：

```
id anObject = [[SomeClass alloc]init];
[anObject someOtherMessage];
```

如果初始化方法有可能返回nil，则还需要做检查处理：

```
id anObject = [[SomeClass alloc]init];
if(anObject)
{
    [anObject someOtherMessage];
}
else
{
    ……
}
```

当新对象被创建伊始，除了它的isa变量外，它在内存中的所有位都被置0；有时，这样的初始化对于一个对象来说就够用了，但绝大多数的时候，还需要对对象的其他变量赋予初始值才能保证他能够开始被使用。在这些情况下，需要实现自定义初始化方法。

在Objective-C中，初始化方法的实现需要遵守比其他种类方法更多的约束和规则：

(1) 自定义初始化方法的命名一般应以"init"开头；

(2) 初始化方法的返回值类型必须是id；

(3) 在自定义初始化方法的实现中，必须有对本类的指定初始化方法的引用。

在实现中引用其他初始化方法时，注意把返回值赋给self；在对实例变量的赋值时，进行直接访问，而不是通过访问器；在实现的最后返回self，如果初始化过程失败，则返回nil。下面是一个简单的对init方法进行复写的例子：

```
- (id) init
{
    if (self=[super init])
    {
        creationDate = [[NSDate alloc]init];
    }
    return self;
}
```

初始化方法不必对所有的变量都一一赋值。

下面是使用一个传入参数来进行初始化的例子：

```
- (id) initWithImage:(NSImage *) anImage
{
    NSSize size = anImage.size;
    NSRect frame = NSMakeRect(0, 0, size.width, size.height);
    if(self = [super initWithFrame:frame])
    {
        image = [anImage retain];
    }
    return self;
}
```

通常情况下，如果在初始化过程中发生任何异常，则应该调用[self release]并返回nil。使用这种机制会带来以下两个关联结果：

(1) 任何收到nil作为返回值的对象都能够很好地对它进行处理，但是如果它在那之前已经为新对象设置了外部连接关系，则还需要对这些连接关系进行清理；

(2) 对象的dealloc方法必须保证能够处理初始化不完全的对象。

通常应当在完成对先期初始化结果的检查后，才进行外部连接的建立：

```
-(id)init
{
    if(self = [super init])
    {
        creationDate = [[NSDate alloc] init];
    }
    return self;
}
```

下面的例子展示了初始化方法如何处理未正常传入的参数：

```
- (id) initWithImage:(NSImage *) anImage
{
    if(anImage == nil)
    {
        [self release];
        [return nil];
    }
    NSSize size = anImage.size;
    NSRect frame = NSMakeRect(0, 0, size.width, size.height);
    if(self = [super initWithFrame:frame])
    {
        image = [anImage retain];
    }
```

```
    return self;
}
```

7.4.4 便利构造器

Cocoa中，有一些方法通过把内存分配过程和初始化过程组合起来完成一次性地进行新对象的创建，这些方法通常被称为便利构造器

它们的命名通常以"+className"开头，如：

+ (id)stringWithCString:(const char *)cString encoding:(NSStringEncoding)enc;

+ (id)stringWithFormat:(NSString *)format, ...;

将内存分配和初始化过程整合在一个方法里完成当对象的内存分配取决于初始化结果的时候是很有作用的。譬如：一组对象的初始化通过读取文件内容来完成。没有读取文件内容时，并不知道有多少对象需要被创建，要为它们各自分配多少内存地址。另外，这样避免了在初始化对象失败时发生的不必要的内存空间分配操作。

> **小结：**
>
> 本章中，我们主要认识了类和对象，学习了OC中类的定义，掌握了如何来创建对象，怎么样分配内存，怎么样初始化等等。了解了一些错误的用法，避免我们在以后的代码编写中出现相同的错误。

属性及点语法

8.1 属性

苹果公司在Objective-C 2.0中引入了property，它组合了新的预编译指令和新的属性访问器语法。@property是一种新的编译器功能，表示声明一个新对象的属性，如下代码所示：

```
@interface PrintClass: NSObject
{
    float myValue;
}
@property (assign) float myValue;
@end
```

声明property的语法为@property（参数1,参数2,参数3）类型 名字；参数的配置我们稍后会具体讨论。你可以把属性的声明想象成一对访问器方法的声明，也就是说：

```
@property (assign) float myValue;
```

相当于定义了下面两个方法：

```
-(float) myValue;
-(void) setMyValue:(float) aValue;
```

属性的声明可以出现在类的接口定义的方法区域的任意位置，属性的名字不一定要和实例变量的名称相同。

现在我们想要让属性在.m文件中也自动实现setter（-setMyValue:）和getter方法（-myValue），我们只需要在.m文件中添加如下一行代码：

```
#import "PrintClass.h"
@implementation PrintClass
@systhesize myValue;
```

@systhesize也是一种新的编译器功能，表示"创建该属性的访问器"。当添加了这行代码后，编译器将自动添加-myValue和-setMyValue:方法。上面我们说过属性的名字可以与实例变量名称不同，我们可以像下面这行代码一样，将属性名与实例变量名绑定在一起：

```
@interface PrintClass:NSObject
{
    float _myValue;
}
@property (assign) float myValue;
```

@end

#import "PrintClass.h"

@implementation PrintClass

@systhesize myValue=_ myValue;

这样关联后，当你改变属性的值时，将对应地改变实例变量的值。

Xcode4.5以后，由于苹果对编译工具的改进，我们已经不需要再添加systhesize了，也就是说，systhesize会对应property自动生成。我们可以让代码变得更简单点，直接省略实例变量的声明，只定义属性，如下代码所示：

@interface PrintClass: NSObject

{

}

@property (assign) float myValue;

@end

默认行为下，对于属性myValue，编译器会自动在实现文件中为开发者补全synthesze，就好像你写了@synthesze myValue = _ myValue;一样。默认的实例变量以下划线开始，然后接属性名。如果自己已写synthesis的话，将以开发者自己写的synthesis为准，比如只写了@synthesis foo，那么实例变量名就是foo。如果没有synthesiszr，而自己又实现了-foo以及-setFoo:的话，该property将不会对应实例变量。而如果只实现了getter或者setter中的一个的话，另外的方法会自动帮助生成（即使没有写synthesze。当然readonly的property另说）。

总结一下，新的属性绑定规则如下：

（1）除非开发者在实现文件中提供getter或setter，否则将自动生成；

（2）除非开发者同时提供getter和setter，否则将自动生成实例变量；

（3）只要写了synthesze，无论有没有跟实例变量名，都将生成实例变量。

8.2 属性关键字

@property后面的()内可以配置一些参数，配置了参数后，编译器会为我们生成不同的getter和setter方法，下面我们来看看有哪些可配置的参数。

（1）读写属性：即控制了属性是否存在设置器的方法。这些参数之间是互斥的。

readwrite(默认):表明了属性是可读写的,即属性具有seeter方法和getter方法。

readonly:表明属性是只读的,即属性只有获取器方法，将只生成getter方法而不生成setter方法。如果试图对该属性使用点语法赋值，将引起编译器错误。

（2）setter语意:

assign（默认）: 这个属性一般用来处理基础类型，比如int、float等等，如果你声明的属性是基础类型的话，assign是默认的，你可以不加这个属性。

对于assign来说，它的存取器代码是这样的：

```
@property(nonatomic,assign)NSString * myField
-(NSString*) myField  {
    return myField;
}
```

```
-(void) setMyField: (NSString*) newValue  {
    myField = newValue;
}
```

retain: 会自动retain赋值对象, 具体实现如下:

```
@property(nonatomic, retain)NSString*myField
- (NSString*) myField  {
    return myField;
}


-(void) setMyField:(NSString*) newValue  {
  if (newValue!=myField)  {
    [myField release];
    myField = [newValue retain];
  }
}
```

可见, 首先要判断一下当前myField是否就是新赋值来的对象。如果不是, 要将自己release掉, 之后才会进行赋值及retain。此参数只对OC对象类型的属性生效。

copy:指定应该使用对象的副本 (深度复制), 前一个值发送一条release消息。基本上像retain, 但是没有增加引用计数, 是分配一块新的内存来放置它。在进行设置的时候, 使用copy来复制参数, 对原值进行release。

```
@property  (nonatomic, assign)  NSString * myField
-(NSString*) myField  {
    return myField;
}
-(void) setMyField:(NSString*) newValue  {
    if (newValue!=myField)  {
        [myField release];
        myField = [newValue copy];
    }
}
```

该参数只对实现了NSCopying协议的对象生效。

推荐做法是: NSString用copy, delegate用assign (且一定要用assign), 非objc数据类型, 比如int, float等基本数据类型用assign (默认就是assign), 而其他objc类型, 比如NSArray、NSDate用retain。

(3) 原子性控制:

atomic (默认): 这个属性是为了保证程序在多线程情况, 编译器会自动生成一些互斥加锁代码, 避免该变量的读写不同步问题。

nonatomic:该属性不提供多线程保护, 如果该对象无需考虑多线程的情况, 请加入这个属性, 这样会让编译器少生成一些互斥加锁代码, 可以提高效率。

推荐:一般都可以使用nonatomic参数。

(4) strong和weak

strong与weak是iOS5中由ARC (自动内存管理机制) 引入的新的对象变量属性。

strong：用来修饰强引用的属性。

 @property(strong) MyClass *myObject;

 相当于

 @property(retain) MyClass *myObject;

weak：用来修饰弱引用的属性，当弱引用的对象被释放后，该对象将被自动赋予nil值。

 @property(weak) MyOtherClass *delegate;

 相当于

 @property(assign) MyOtherClass *delegate;

强引用与弱引用的广义区别：强引用也就是我们通常所讲的引用，其存亡直接决定了所指对象的存亡。如果不存在指向一个对象的引用，并且此对象不再显示于列表中，则此对象会被从内存中释放。

弱引用除了不决定对象的存亡外，其他与强引用相同。即使一个对象被持有无数个弱引用，只要没有强引用指向它，那么其还是会被清除。简单地讲，strong等同retain，weak比assign多了一个功能，当对象消失后自动把指针变成nil，好处不言而喻。

8.3 点语法

有了属性，我们就可以使用另外一个语法：点语法。使用方法如下：

 aObject.aVar = aValue;

 NSString *str = aObject.aVar;

第一个左边部分相当于一个设置器方法。

第二个右边部分相当于一个访问器方法。

 点语法是Objective-C 2.0的新特性。一般声明完属性之后才能使用点语法。

(1) 优点

 ① 方便程序员能够很快地转到O-C上来；

 ② 让程序设计简单化；

 ③ 隐藏了内存管理细节；

 ④ 隐藏了多线程、同步、加锁细节；

(2) 缺点

 ① 性能有点差，内部转化为setter, getter；

 ② 不易理解苹果的调用机制；

例子：

 Dog *dog=[[Dog aloc] init];

 [dog setAge:100];

 int dogAge=[dog age];

 NSLog(@"Dog Age is %d",dogAge);

下面的代码用点语法：

 dog.age=200;//调用setAge方法

 dogAge=dog.age;//调用age方法

例子中的点不仅调用dog这个对象的字段，而且在调用方法。dog.age是在调用setAge这个方法，下面的dog.age是在调用age这个方法。点语法是编译器级别，编译器会把dog.age=200；展开成[dog setAge:200]；且会把dogAge=dog.age；展开成[dog age];函数调用。

self.age放在=的左边和右边是不一样的，放在左边是表示调用setter函数，放在右边表示调用getter函数。

在dealloc方法中，我们可以采用一种高明的技巧：

self.age=nil;

这行代码表示使用nil参数调用setAge:方法。生成的访问器方法将自动释放以前的age对象，并使用nil值替代，这样可以使我们避免对已有释放内存的悬空引用问题。

小结：

本章中，我们主要介绍了OC中属性（property）的声明和实现，新的编译器可以省略实现部分；属性的各种关键字：readwrite、readonly、assign、retain、copy、atomic、nonatomic、strong和weak等的作用和用法；点语法的原理和使用等。

字符串、集合

9.1 数据类型

9.1.1 与C共有的数据类型

因为OC是完美支持C语言的，所以C的语法在OC中仍然可以使用，OC也包含了C标准的数据类型

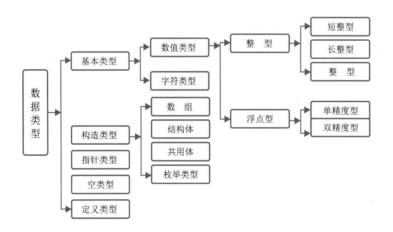

9.1.2 OC扩展的数据类型

在C语言数据类型的标准上，OC对数据类型进行了重定义和封装，产生了自己的数据类型。
例如OC中的重定义类型：
NSInteger
在库文件中的实现方式：
typedef int NSInteger;
又如CGFloat
define CGFLOAT_TYPE float
typedef CGFLOAT_TYPE CGFloat;

下面进行系统的介绍：

（1）NSValue可用来封装任意数据结构，可用下面类方法创建NSValue类型：

+ (NSValue *)valueWithBytes:(const void *)value objCType:(const char *)type;

value为要封装数据的地址，type为要封装数据的类型编码字符串，用@encode()创建。

（2）NSNumber类继承于NSValue，用来封装基本数据类型，如int, float等。可以用下列类方法创建NSNumber对象：

+ (NSNumber *)numberWithInt:(int)value;

+ (NSNumber *)numberWithFloat:(float)value;

+ (NSNumber *)numberWithChar:(char)value;

+ (NSNumber *)numberWithBool:(BOOL)value;

如此，iOS6里面，NSNumber 所有的[NSNumber numberWith…:]方法都可以简写了：

[NSNumber numberWithChar:'X'] 简写为@'X'；

[NSNumber numberWithInt:12345] 简写为@12345

[NSNumber numberWithUnsignedLong:12345ul] 简写为@12345ul

[NSNumber numberWithLongLong:12345ll] 简写为@12345ll

[NSNumber numberWithFloat:123.45f] 简写为@123.45f

[NSNumber numberWithDouble:123.45] 简写为@123.45

[NSNumber numberWithBool:YES] 简写为@YES

（3）NSNull用来封装nil值，创建NSNull对象方法为：

+ (NSNull *)null;

（4）NSArray NSSet和NSDictionary等容器只能存储对象，不能存储基本数据类型，如int、float，也不能存储struct结构体，更不能存储nil值（在NSArray、NSDictionary中，nil都是终止符，不能存储）。当确实需要在NSArray或NSDictionary中存储上述值时，需要用其他类来封装。

（5）NSString NSMutableString对字符串的封装。（char *）

（6）Objective-C中特殊的数据类型id, nil, SEL等

集合是具有某种特定性质的事物的总体。这里的"事物"可以是人，物品，也可以是数学元素。数组（array）、字典（dictionary）、集（set）等主要用于把多个元素管理和存放起来的对象成为集合。

Cocoa中的集合分为可变的（mutable）和不可变的两种：可变的集合可以在集合对象创建以后动态地增加、删除和修改里面的数据。

9.2 字符串（NSString）

9.2.1 NSString 对象初始化

（1）创建常量字符串。

NSString *astring = @"This is a String!";

（2）创建空字符串，给予赋值。

NSString *astring = [[NSString alloc] init];

astring = @"This is a String!";

(3) 在以上方法中，提升速度:initWithString方法。

  NSString *astring = [[NSString alloc] initWithString:@"This is a String!"];

(4) 其他方法：

  -(id)initWithFormat:(NSString *)format;

  -(id)initWithData:(NSData *)data encoding:(NSStringEncoding) encoding;

  -(id)initWithCString:(const char *)cString encoding:(NSStringEncoding)encoding;等

其中，第一个方法是通过一个便利构造器方法；第二个方法是通过对一个data进行解码得到一个新的字符串；第三个方法是通过一个c字符串通过转码得到一个新的字符串。

9.2.2 字符串长度获取

-(NSInteger)length;

例子：

NSString * str=[[NSString alloc] initwithString:@"Hello World! "];

int length = [str length];

此处的str是上面的"Hello World! "，因此，length为11。

-(unichar)characterAtIndex:(NSUInteger)index;

char * c = [str characterAtIndex:2];

则此时c的内容为l，"Hello World"中的第一个l，即H、e、l顺序为0、1、2。

9.2.3 获取字符串的子串

（1）拼接字符串

-(NSString *) stringByAppendingString:(NSString *)aString;

-(NSString *) stringByAppendingFormat:(NSString *)format……

例子：

  NSString * str = [NSString stringWithFormat:@"Hello"];

  NSLog(@"str=%@", str);

  NSString * newStr1 = [str stringByAppendingFormat:@","];

  NSLog(@"newStr1=%@", newStr1);

  NSString * newStr2 = [newStr1 stringByAppendingFormat:@"World"];

  NSLog(@"newStr2=%@", newStr2);

运行结果为：

  str=Hello

  newStr1=Hello,

  newStr2=Hello,World

（2）获取字符串的子串

  - (NSString *)substringFromIndex:(NSUInteger)from;

  - (NSString *)substringToIndex:(NSUInteger)to;

  - (NSString *)substringWithRange:(NSRange)range;

例子：

```
NSString * string = [NSString stringWithFormat:@"Hello,World"];
NSString * str1 = [string substringFromIndex:6];
NSString * str2 = [string substringToIndex:4];
NSString * str3 = [string substringWithRange:NSMakeRange(5, 1)];
NSLog(@"str1=%@, str2=%@, str3=%@", str1, str2, str3);
```

运行结果为：str1=World, str2=Hell, str3=,

（3）字符串是否包含别的字符串

```
-(BOOL)hasPrefix:(NSString *)aString; //是否有前缀aString
-(BOOL)hsaSuffix:(NSString *)aString; //是否有后缀aString
-(NSRange) rangeOfString:(NSString *)aString;//是否包含aString
```

9.2.4 字符串的比较

字符串是否相等

```
-(BOOL)isEqualToString:(NSString *)str
```

比较字符串大小

```
-(NSComparisonResult) compare:(NSString *) str
```

转换大小写

```
-(NSString *)uppercaseString;    //转化为大写
-(NSString *)lowercaseString;    //转化为小写
```

例子：

```
NSString * str1 = @"ZHANGSAN";
if ([str1 isEqualToString:@"zhangsan"]) {
    NSLog(@"str1等于zhangsan");
}else
{
    NSLog(@"str1不等于zhangsan");
}


int result = [str1 compare:@"zhangsan"];
if (result == 0) {
    NSLog(@"str1等于zhangsan");
}else
{
    NSLog(@"str1不等于zhangsan");
}
```

运行结果：

str1不等于zhangsan；

str1不等于zhangsan；

下面进行大小写转化：

```
      NSString * str2 = [str1 lowercaseString];
      NSLog(@"str1=%@ , str2=%@",str1,str2);
```
运行结果：

    str1=ZHANGSAN , str2=zhangsan

则再次比较：

```
      if ([str2 isEqualToString:@"zhangsan"]) {
          NSLog(@"str2等于zhangsan");
      }else
      {
          NSLog(@"str2不相等zhangsan");
      }


      result = [str2 compare:@"zhangsan"];
      if (result == 0) {
          NSLog(@"str2等于zhangsan");
      }else
      {
          NSLog(@"str2不相等zhangsan");
      }
```
运行结果：

    str2等于zhangsan

    str2等于zhangsan

9.2.5 类型转换

```
      - (double)doubleValue;
      - (float)floatValue;
      - (int)intValue;
      - (NSInteger)integerValue;
      - (long long)longLongValue;
      - (BOOL)boolValue
```
以上都是将字符串转化为其他类型的方法，同样也可以将其他类型转化为字符串类型，如：

    -(id) initWithFormat:(NSString *)format…… -(double) doubleValue

NSString 还有很多字符串的相关处理方法，有待学生自己了解！

9.2.6 字符串（NSMutableString）

NSMutableString 继承于NSString，在NSString的基础上进行了进一步扩展：

    @interface NSMutableString : NSString

NSMutableString弥补了NSString不能修改字符串长度、删除和插入等功能。

```
- (id)initWithCapacity:(NSUInteger)capacity;
+ (id)stringWithCapacity:(NSUInteger)capacity;
```
NSMutableString 除了NSString中的所有方法外，主要有以下的常用方法：
```
- (void)insertString:(NSString *)aString atIndex:(NSUInteger)loc;
- (void)deleteCharactersInRange:(NSRange)range;
- (void)appendString:(NSString *)aString;
- (void)appendFormat:(NSString *)format, ...
- (void)setString:(NSString *)aString;
```

9.3 数组

9.3.1 NSArray

NSArray用于对象有序集合（相当于是C语言的数组），但是又不同于C语言的数组。NSArray 不能存放基本数据类型，也不能存放空类型，空类型是NSArray的结束标志。

（1）初始化
```
+ (id)arrayWithObjects:(id)firstObj, ...
+ (id)arrayWithArray:(NSArray *)array;
- (id)initWithObjects:(id)firstObj, ... NS_REQUIRES_NIL_TERMINATION;
- (id)initWithArray:(NSArray *)array;
```
......
例子：
```
NSArray * array = [[NSArray alloc] initWithObjects:@"first",@"second", nil];
```
（2）数组元素个数
```
[array count];
```
例子：
```
int count = [array count];
```
（3）获取数组元素
```
[array objectAtIndex:n]; //获取数组中第n个元素
[array lastObject];      //获取数组中最后一个元素
```
例子：
```
NSArray * arr=[NSArray arrayWithObjects:@"1",@"2",@"3",@"4",@"5",@"6",@"7", nil];
    for (int i=0; i<[arr count]; i++) {
        NSLog(@"Object:%@",[arr objectAtIndex:i]);
    }
    //快速枚举
    for (id value in arr) {
        NSLog(@"Object:%@",value);
    }
```

9.3.2 NSArray简化

[NSArray array] 简写为@[]

[NSArray arrayWithObject:a] 简写为@[a]

[NSArray arrayWithObjects:a, b, c, nil] 简写为@[a, b, c]

可以理解为@符号就表示NS对象(和NSString的@号一样),然后接了一个在很多其他语言中常见的方括号[]来表示数组。实际上在我们使用简写时,编译器会将其自动翻译补全为我们常见的代码。比如对于@[a, b, c],实际编译时的代码是

id objects[] = {a, b, c};

NSUInteger count = sizeof(objects)/sizeof(id);

Array = [NSArray arrayWithObjects:objects count:count];

需要特别注意,要是a, b, c中有nil的话,在生成NSArray时会抛出异常,而不是像[NSArray arrayWithObjects:a, b, c, nil]那样形成一个不完整的NSArray。其实这是很好的特性,避免了难以查找的bug的存在。

其实使用这些简写的一大目的是可以使用下标来访问元素:

[array objectAtIndex:idx]   简写为array[idx];

[array replaceObjectAtIndex:idx withObject:newObj]   简写为array[idx] = newObj

很方便,简写的实际工作原理其实真的就只是简单的对应的方法的简写,没有什么惊喜。但是还是有惊喜的,那就是使用类似的一套方法,可以做到对于我们自己的类,也可以使用下标来访问。而为了达到这样的目的,我们需要通过以下方法,以实现对于类似数组的结构解析:

- (elementType)objectAtIndexedSubscript:(indexType)idx;

- (void)setObject:(elementType)object atIndexedSubscript:(indexType)idx;

9.3.3 NSMutableArray

NSMutableArray 继承于NSArray:

@interface NSMutableArray : NSArray

也是在NSArray的基础上进行扩展,实现了数组元素的动态添加和删除。

NSMutableArray在NSArray 基础上的常用方法如下:

-(id)initWithCapacity:(NSUInteger)numItems;//初始化

+(id)arrayWithCapacity:(NSUInteger)numItems;//初始化

- (void)addObject:(id)anObject;//末尾加入一个元素

- (void)insertObject:(id)anObject atIndex:(NSUInteger)index;//插入一个元素

- (void)removeLastObject;//删除最后一个元素

- (void)removeObjectAtIndex:(NSUInteger)index;//删除某一个元素

- (void)replaceObjectAtIndex:(NSUInteger)index
                   withObject:(id)anObject; //更改某个位置的元素

NSMutableArray 除了上述方法外还扩展了很多其他方法。

例子:

NSMutableArray * mArr=[NSMutableArray

arrayWithObjects:@"1",@"2",@"3",@"4",@"5",@"6",@"7", nil];

```
    for (id value in mArr) {
        NSLog(@"Object:%@",value);
    }
    [mArr addObject:@"8"];
    [mArr addObject:@"9"];
    [mArr addObject:@"10"];

    for (id value in mArr) {
        NSLog(@"Object:%@",value);
    }
```
在上述的可变数组中加入一个PeopleClass对象：
```
 PeopleClass * p1=[[PeopleClass alloc] init];
 [p1 setPeopleType:1];
 NSLog(@"%d",p1.peopleType);

 [mArr addObject:p1];
 NSLog(@"%@",[mArr lastObject]);

 PeopleClass * pp1=[mArr lastObject];
 NSLog(@"%d",pp1.peopleType);
```
另外，想要将NSArray变为可变的，只要对其发送-mutableCopy消息就可以生成一份可变的拷贝。

9.4 字典

字典用key-value的形式存储数据，key用来索引数据，value用来存储数据。Cocoa中的字典分为：NSDictionary和NSMutableDictionary。

NSDictionary 用于键值映射

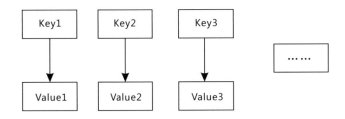

例如一个学生的Dictionary
学号----姓名
可以通过学号为key，去找对应的学生姓名value。我们都知道，学号一定是唯一的，但是姓名可以相同。这个也说明，在NSDictionary中，key必须唯一。

9.4.1 NSDictionary

NSDictionary 常见操作：

-(id)initWithObjects:(NSArray *)objects forKeys:(NSArray *)keys;//用数据数组和key值数组初始化

- (id)initWithObjectsAndKeys:(id)firstObject, …;//用key和value对初始化
+ (id)dictionaryWithObject:(id)anObject;//用某个对象初始化
- (NSUInteger)count; //获取key-value对的个数
- (id)objectForKey:(id)aKey; //从key得到value值
- (id)valueForKey:(id)aKey; //从key得到value值
- (NSArray *)allKeys; //获取所有的key
- (NSArray *)allValues; //获取所有的value值
 ……

例子：

NSDictionary * dic=[NSDictionary dictionaryWithObjectsAndKeys:@"张三",@"01",@"李四",@"02",@"王五",@"03", nil];
NSLog(@"%@", [dic objectForKey:@"01"]);
NSLog(@"%@", [dic objectForKey:@"02"]);
NSLog(@"%@", [dic objectForKey:@"03"]);
NSArray * arrK=[dic allKeys];
NSArray * arrV=[dic allValues];
for (id iKey in arrK) {
NSLog(@"%@", iKey);
        }

        for (id iValue in arrV) {
            NSLog(@"%@", arrV);
        }

另外，跟数组一样，字典也进行了简化：
[NSDictionary dictionary] 简写为@{}
[NSDictionary dictionaryWithObject:o1 forKey:k1] 简写为@{k1:o1 }
[NSDictionary dictionaryWithObjectsAndKeys:o1, k1, o2, k2, o3, k3, nil]简写为@{k1:o1, k2:o2 k3:o3}

和数组类似，当写下@{k1:o1, k2:o2, k3:o3}时，实际的代码会是：
id objects[] = {o1, o2, o3};
id keys[] = {k1, k2, k3};
NSUInteger count = sizeof(objects)/sizeof(id);
dict = [NSDictionary dictionaryWithObjects:objects forKeys:keys count:count]
同样可以使用下标表示：
[dic objectForKey:key] 简写为dic[key]
[dic setObject:object forKey:key] 简写为dic[key] = newObject

9.4.2 NSMutableDictionary

NSMutableDictionary 继承于NSDictionary：

  @interface NSMutableDictionary : NSDictionary

跟前面的NSMutableString、NSMutableArray类似，在NSDictionary的基础上扩展了字典的插入、删除、修改等操作。

NSMutableDictionary 常见操作：

- (void)setObject:(id)anObject forKey:(id)aKey; //增加和修改可变字典的内容
- (void)setValue:(id)anValue forKey:(id <NSCopying>)aKey; //增加和修改可变字典的内容
- (void)removeObjectForKey:(id)aKey; //删除key值对应的对象
- (void)removeAllObjects; // 删除所有的字典内容

例子：

NSMutableDictionary * mDic=[NSMutableDictionary dictionaryWithObjectsAndKeys:@"张三",@"01",@"李四",@"02",@"王五",@"03", nil];

  NSLog(@"%@", [mDic objectForKey:@"03"]);

  [mDic setObject:@"LiLei" forKey:@"03"];

  NSLog(@"%@", [mDic objectForKey:@"03"]);

  NSLog(@"count:%d", [mDic count]);

  [mDic setObject:@"HanMeimei" forKey:@"04"];

  NSLog(@"count:%d", [mDic count]);

  NSLog(@"%@", [mDic objectForKey:@"04"]);

  [mDic removeObjectForKey:@"01"];

  NSLog(@"count:%d", [mDic count]);

  [mDic removeAllObjects];

  NSLog(@"count:%d", [mDic count]);

9.5 集

集跟数组差不多，只不过集中不能存放相同的对象，并且被存入集中的元素是无序的，同样也有NSSet 和NSMutableSet。

9.5.1 NSSet

(1) 初始化

-(id)initWithObjects:(id) firstObject,...

+(id)setWithObjects:(id) firstObject,...

例子：

 NSSet * set = [[NSSet alloc] initWithObjects:@"first",@"second",nil];

(2) 集的元素个数

- (NSUInteger)count;

- (id)member:(id)object;

-(NSEnumerator *)objectEnumerator;

例子：

```
int count = [set count]; //count = 2;
```

(3) 获取集中的元素

- (NSArray *)allObjects;
- (id)anyObject;
- (BOOL)containsObject:(id)anObject;

例子：

```
id obj = [set anyObject];
```

9.5.2 NSMutableSet

NSMutableSet继承于NSSet,增加了动态地增加和删除对象的功能。

- (void)addObject:(id)object;
- (void)removeObject:(id)object;
+ (id)setWithObject:(id)object;
+ (id)setWithObjects:(const id *)objects count:(NSUInteger)cnt;
+ (id)setWithObjects:(id)firstObj, ...
......

注：这些集合类只能收集cocoa对象（NSOjbect对象），如果想保存一些原始的C数据（例如，int,float,double,BOOL等），则需要将这些原始的C数据封装成NSNumber类型，NSNumber对象是cocoa对象，可以被保存在集合类中。

9.6 快速枚举

枚举：是指对集合中的元素依次地、不重复地一一进行遍历。

传统语法中，枚举一般通过for循环来进行：

```
for(int i=0;i<n;i++)
{
    id anObject = [array objectAtIndex:i];
}
```

Objective-C2.0中提供了一种简洁的特色语法，令你可以安全又快速地对集合中的元素进行枚举：

for…in 它的标准形式如下：

```
for(Type newVariable in expression)
{
    statements;
}
```

或者：

```
Type variable;
for(variable in expression)
{
```

```
    statements;
}
```

使用NSAarray的快速枚举：
```
NSArray*array=[NSArray arrayWithObjects:@"first",@"second",@"third",@"forth",nil];
for(NSString * element in array)
{
    NSLog(@"element:%@",element);
}
```
运行结果：
```
element:first
element:second
element:third
element:forth
```

使用NSDictionary的快速枚举：
```
NSDictionary * dic = [NSDictionary
dictionaryWithObjectsAndKeys:@"one",@"1",@"two",@"2",@"three",@"3", nil];
    for (NSString * key in dic) {
        NSLog(@"english:%@,number:%@",[dic valueForKey:key],key);
    }
```
运行结果：
```
english:one,number:1
english:two,number:2
english:three,number:3
```

小结：

　　本章中，主要介绍了OC的数据类型，包含与C语言共有的基本数据类型，以及OC新增的数据类型：字符串，数组，字典，集合等。字符串是OC中一个很特别的数据类型，可以很方便地对字符进行处理。数组、字典、集都是集合的一种，分为可变和不可变两种，可变的可以动态地增加和删除元素，不可变的通过mutableCopy又能扩展为可变的。最后介绍了如何在集合中进行快速枚举。

内存管理

内存管理是程序设计中常见的资源管理的一部分。每个计算机系统可供程序使用的资源都是有限的，这些资源包括内存、打开文件、数量及网络连接等等。如果你使用了某种资源，例如因为打开文件而占用了资源，那么你需要随后对其进行清理。如果我们只分配而不释放内存，则将发生内存泄露：程序的内存占用不断增加，最终会被耗尽并导致程序崩溃。

10.1 程序内存分配

(1) 栈区（stack）：由编译器自动分配释放，存放函数的参数值和局部变量的值；

(2) 堆区（heap）：由程序员分配释放，若程序员不释放，可能会造成程序泄露。注意，它与数据结构中的堆是两回事，分配方式倒是类似于链表；

(3) 全局区（静态区）（static）：全局变量和静态变量的存储是放在一块的，初始化的全局变量和静态变量在一块区域，未初始化的全局变量和未初始化的静态变量在相邻的另一块区域。程序结束后由系统释放；

(4) 文字常量区：常量字符串就是放在这里的，程序结束后由系统释放；

(5) 程序代码区：存放函数体的二进制代码；

例子：

```
int a=0; 全局初始化区
char *p1; 全局未初始化区
main()
{
    int b; 栈
    char s[] = "abc"; 栈
    char *p2; 栈
    char *p3 = "123456"; 123456\0在常量区，p3在栈上。
    static int c =0; 全局（静态）初始化区
    p1 = (char *)malloc(10);
    p2 = (char *)malloc(20); 分配得来的10和20字节的区域就在堆区。
}
```

strcpy(p1, "123456"); 123456\0放在常量区，编译器可能会将它与p3所指向的"123456"优化成一个地方。

10.2 Objective-C内存管理

10.2.1 所有权机制

在OC中，对象不断地被其他程序创建、使用和销毁，为了保证程序不产生额外的内存开销，当对象不再被需要以后，应当被立即销毁。拥有对一个对象的使用权，我们称为是"拥有"这个对象。对象的拥有者个数至少为1，对象才得以存在，否则它应当被立即销毁。

为了确定你(一个对象)何时具有对另外一个对象的所有权，以及明确对象所有者的权利和义务，Cocoa设立了一套标准。只有当你对一个对象做了alloc，copy和retain等操作之后，你才拥有它的所有权；当你不再需要这个对象的时候，你应该释放你对它的所有权；千万不要对你没有所有权的对象进行释放。

Cocoa中提供了一个机制来实现上面提到的这个逻辑模型，它被称为"引用计数"。每个对象都有一个引用计数(retainCount)，对象被创建的时候引用计数为1；当引用计数值为0的时候，对象将被系统销毁。

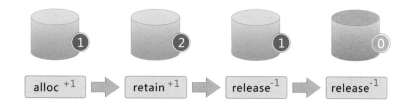

dealloc方法会在对象引用计数为0的时候被系统调用。dealloc不要手动调用，而是让系统自动调用(对象引用计数为0时)；对象释放的时候需要把自己所包含的对象变量也一并释放掉。

-(void) dealloc{[name release];

[super dealloc]; }

在dealloc方法中对变量的释放顺序应与初始化的顺序相反，最后调用[super dealloc];

10.2.2 内存管理黄金法则

如果对一个对象使用了alloc，[mutable]copy，retain，那么你必须使用相应的release或者autorelease。

alloc：为一个新对象分配内存，并且它的引用计数为1。调用alloc方法，你便有对新对象的所有权。

copy：制造一个对象的副本，该副本的引用计数为1，调用者具有对副本的所有权。

retain：使对象的引用计数加1，并且获得对象的所有权。

release：使对象的引用计数减1，并且放弃对象的所有权。

autorelease：也能使对象的引用计数减1，只不过是在未来的某个时间使对象的引用计数减1。

例子1：

使用alloc创建对象，则需要在使用完毕后进行释放。

Person *person1 = [[Person alloc] initWithName:@"张三"];

NSLog(@"name is %@",person1.name); //假设从这往后，我们一直都不使用person1了，应该把对象给释放了。

[person1 release];

例子2：

Person *person2 = [Person alloc] initWithName:@"李四"];

NSString *name = person2.name; NSLog(@"%@",name); //假设从这以后，我们也不使用person2了。

[person2 release];

我们不应该释放name，因为name是我们间接获得的，所以没有它的所有权，也不应该对它进行释放。

例子3：

定义一个Dog类，对其进行相关内存管理操作。

```objc
@interface Dog : NSObject
{
    NSString * _name;
    int _age;
    float  _height;
    float  _weight;
}
@property (assign) int _age;
@property (assign) float _height;
@property (assign) float _weight;
-(id)init;
-(id)initWithName:(NSString*)name   age:(int)age   height:(float)height
weight:(float)weight;
-(void)Mydescription;
@end
```

实现：

```objc
@implementation Dog
@synthesize _age;
@synthesize _height;
@synthesize _weight;
-(id)init{
    if (self=[super init]) {
        _name=@"Random";
        _age=0;
        _height=0;
        _weight=0;
    }
```

```
        return self;
    }
    -(id)initWithName:(NSString *)name  age:(int)age  height:(float)height
weight:(float)weight{
        if (self=[super init]) {
            _name=name;
            _age=age;
            _height=height;
            _weight=weight;
        }
        return self;
    }
    -(void)Mydescription{
        NSLog(@"Dog:%@  age is :%d height is:%f _weight is:%f", _name, _age, _height,
_weight);
    }
    @end
```

Dog对象的初始化和retain操作

```
Dog * dog1=[[Dog alloc] init];
[dog1 Mydescription];
Dog * dog2=[[Dog alloc] initWithName:@"Tom" age:3 height:30 weight:10];
[dog2 Mydescription];
NSLog(@"count:%ld",(unsigned long)[dog1 retainCount]);
[dog1 retain];
NSLog(@"count:%ld",(unsigned long)[dog1 retainCount]);
[dog1 retain];
NSLog(@"count:%ld",(unsigned long)[dog1 retainCount]);
```

Dog 对象release操作

```
[dog1 release];
NSLog(@"count:%ld",(unsigned long)[dog1 retainCount]);
[dog1 release];
NSLog(@"count:%ld",(unsigned long)[dog1 retainCount]);
[dog1 Mydescription];
[dog1 release];
NSLog(@"count:%ld",(unsigned long)[dog1 retainCount]);
[dog1 Mydescription];//error
```

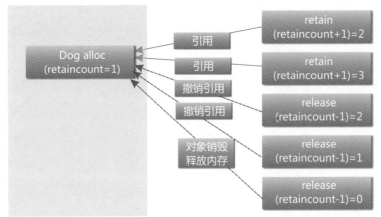

此时对象不再存在，放入释放池。

10.2.3 便利构造器内存管理

有时我们会通过便利构造器来获得一个新的对象,由便利构造器产生的对象不应当由使用者销毁,而是由便利构造器本身完成。便利构造器通过在实现中调用autorelease,来实现上述功能。

（1）错误实例：

```
+(id) personWithName:(NSString *)aName
{
    Person *person = [[Person alloc]
    initWithName:aName];
    return person;
}
```

它是错误的,因为它返回了新创建的对象以后,类就失去了释放这个对象的机会。

```
+(id) personWithName:(NSString *)aName
{
    Person *person = [[Person alloc]initWithName:aName]; [person release];
    return person;
}
```

它也是错误的,因为在返回对象的时候,对象已经被销毁,从而不能使用了。

（2）正确实例：

```
+(id) personWithName:(NSString *)aName
{
    Person *person = [[Person alloc]initWithName:aName]; [person autorelease];
    return person;
}
```

它是正确的, 因为对新对象的销毁延迟进行, 从而使用者有时间去使用它, 而不必对对象的释放负责。

```
-(void) printHello
{
    NSString *str = [NSStringstringWithFormat:@"Hello"];
    NSLog(@"%@", str);
}
```

使用便利构造器创建对象, 则使用完毕后不需要进行释放。

10.2.4 设置器，访问器内存管理

以下是一个经典的把内存管理结合在设置器中的实现:接口文件

```
@interface Person : NSObject
{
    NSString *name;
}
```

在设置器中, 保持对新传入对象的所有权, 同时放弃旧对象的所有权。

```
-(void) setName:(NSString *) aName
{
    if(name != aName)
  {
     [name release];
     name = [aName retain];//or copy
  }
}
```

在访问器中, 不需要retain或release。

```
-(NSString *)name
{
    return name;
}
```

用访问器获得的对象, 使用完毕后不需要释放。

```
-(void) printName
{
    NSString *name = person.name;
    NSLog(@"%@", name);
}
```

10.2.5 常见错误

（1）未使用设置器

```
-(void) reset
{
    NSString *newName = [[NSString alloc]initWithFormat:@"theNew"];
    name = newName;
    [newName release];
}
```

注意:name是实例变量。

（2）内存泄露

```
-(void) reset
{
    NSString *newName = [[NSString alloc]initWithFormat:@"theNew"];
    [self setName:newName];
}
```

少了一次释放,导致内存泄露。

（3）释放了没有所有权的对象

```
-(void) reset
{
    NSString *newName = [NSString stringWithFormat:@"theNew"];
    [self setName:newName];
    [newName release];
}
```

便利构造器已经为newName设置了autorelease,newName便没有权利和义务再去release,因此下次再来访问这个变量的时候一定会出现运行错误。

10.2.6 规则总结

凡是你通过retain、alloc、copy等手段获得了所有权的对象,都必须在你不再使用的时候,由你来调用release、autorelease等手段进行释放。在一定的代码段内,对同一个对象所做的copy、retain和alloc的操作次数应当与release、autorelease的操作次数相等。可以在类的dealloc方法中释放你占有的实例变量。

对于便利构造器和访问器来说,你没有通过上面的这些手段获得对象的所有权,因此在这些情况下你无需对获得的对象进行额外的释放操作。autorelease只是意味着延迟发送一条release消息。

10.2.7 ARC（Automatic Reference Counting）机制

ARC是iOS5推出的新功能,全称叫ARC(Automatic Reference Counting)。简单地说,就是代码中

自动加入了retain/release，原先需要手动添加的用来处理内存管理的引用计数的代码，可以自动地由编译器完成了。该机能在iOS5/MacOSX10.7开始导入，利用Xcode4.2可以使用该机能。简单地理解ARC，就是通过指定的语法，让编译器(LLVM 3.0)在编译代码时，自动生成实例的引用计数管理部分代码。有一点要明确，ARC并不是GC，它只是一种代码静态分析（Static Analyzer）工具。

　　ARC相关设置如下图所示：

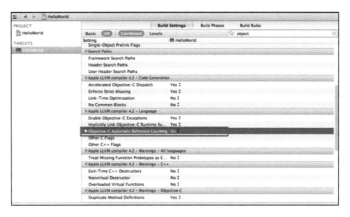

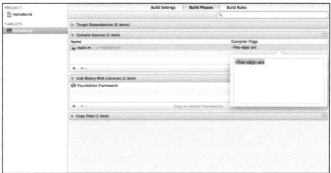

小结：
　　本章中，主要介绍了OC中程序的内存分配方式；以及手动内容管理的所有权机制；内存管理的基本原则；便利构造器、设置器、访问器管理内存的原理和方式；内存管理常见的错误和注意事项；系统提供的自动内存管理——ARC机制等。

封装、继承、多态

面向对象的三个基本特征是：封装、继承、多态。

11.1 封装

封装是实现面向对象程序设计的第一步，封装就是将数据或函数等集合在一个个的单元中（我们称之为类）。被封装的对象通常被称为抽象数据类型。

封装的意义在于保护或者防止代码（数据）被我们无意中破坏。在面向对象程序设计中，数据被看作是一个中心的元素并且和使用它的函数结合得很密切，从而保护它不被其他的函数意外地修改。

封装提供了一个有效的途径来保护数据不被意外地破坏。相比我们将数据（用域来实现）在程序中定义为公用的（public），我们将它们（fields）定义为私有的（private），这在很多方面会更好。私有的数据可以用两种方式来间接地控制：第一种，我们使用传统的存、取方法；第二种，我们用属性（property）。

使用属性不仅可以控制存取数据的合法性，同时也提供了"读写"、"只读"、"只写"灵活的操作方法。

访问修饰符有：@private、@protected、@public三种。当private, public, protected单纯地作为一个类中的成员权限设置时：private:只能由该类中的函数，不能被任何其他访问，该类的对象也不能访问。protected:可以被该类中的函数、子类的函数，但不能被该类的对象访问。public:可以被该类中的函数、子类的函数，也可以由该类的对象访问。OC中默认的成员属性是@protected，也就说明了为什么对象不能直接访问那些没有定义属性的变量了。属性是类对外的接口。

例子：定义一个Cat类
```
@interface Cat : NSObject{
    int        age;
    BOOL       sex;
    NSString * name;
}
@property (assign) BOOL sex;
@property (nonatomic, retain) NSString * name;
-(void)setAge:(int)newAge;              //如果想对点语法进行扩展
-(int)age;
@end
@implementation Cat
@synthesize sex;
@synthesize name;
```

```
-(void)setAge:(int)newAge{//Age 第一个首字母要大写，否则点语法无法调用。
    age=newAge;
    NSLog(@"Now age is:%d",age);
}
-(int)age{
    NSLog(@"Return age is:%d",age);
    return age;
}
@end
```

例子：定义一个Dog类

```
@interface Dog:NSObject{
    int        age;
    BOOL       sex;
    NSString * name;
}
@property (assign) BOOL sex;
@property (nonatomic,retain) NSString * name;
-(void)setAge:(int)newAge;//如果想对点语法进行扩展：
-(int)age;//
@end
@implementation Dog
@synthesize sex;
@synthesize name;
-(void)setAge:(int)newAge{//Age 第一个首字母要大写，否则点语法无法调用。
    age=newAge;
    NSLog(@"Now age is :%d",age);
}
-(int)age{
    NSLog(@"Return age is :%d",age);
    return age;
}
@end
```

11.2 继承

什么是继承？一个新类可以从现有的类中派生出来，这个过程称为继承。新类称为子类，而原始的被继承的类称为父类，有时候父类也会有自己的父类。继承主要实现重用代码，节省开发时间，便于类的扩展。OC中只支持单继承的方式。NSObject是所有类的基类。

分析前面的Dog和Cat类：在这两个类中除了类名不同外，其他的成员变量和方法都是一样，即代码冗余。为了很好的解决这种问题，我们可以通过继承来实现。

下面我们来定义一个Animal类：

```
@interface Animal: NSObject{
    int         age;
    BOOL        sex;
    NSString  * name;
}
@property (assign) BOOL sex;
@property (nonatomic, retain) NSString * name;
-(void)setAge:(int)newAge;//如果想对点语法进行扩展：
-(int)age;//
@end
```

通过继承我们来实现Dog和Cat类：

```
@interface Cat:Animal
@end
@implementation Cat
@end


@interface Dog: Animal
@end
@implementation Cat
@end
```

这个时候，Dog类和Cat类中不需要添加任何其他的代码就可以实现前期的功能了：

```
Cat * aCat=[[Cat alloc] init];
[aCat setAge:1];
[aCat setName:@"TomCat"];
[aCat setSex:YES];//YES-M
Dog * aDog=[[Dog alloc] init];
[aDog setAge:1];
[aDog setName:@"TomDog"];
[aDog setSex:YES];//NO-F
```

子类对父类进一步扩展：

给Cat类添加一个ClimbTree方法：

```
@interface Cat:Animal
-(void)ClimbTree;
@end
@implementation Cat
-(void)ClimbTree{
    NSLog(@"Oh, Climb Tree!");
}
@end
```

给Dog类添加一个Doorkeeper方法：
```
@interface Dog: Animal
-(void) Doorkeeper;
@end
@implementation Dog
-(void) Doorkeeper{
    NSLog(@"Oh,Guard the entrance!");
}
@end
```

11.3 多态

多态（Polymorphism），按字面的意思就是"多种状态"。在面向对象语言中，接口的多种不同的实现方式即为多态。引用Charlie Calverts对多态的描述——多态性是允许你将父对象设置成为和一个或更多的它的子对象相等的技术。赋值之后，父对象就可以根据当前赋值给它的子对象的特性以不同的方式运作（摘自"Delphi4 编程技术内幕"）。简单地说，就是一句话：允许将子类类型的指针赋值给父类类型的指针。

不同对象对同一消息的不同响应。子类可以重写父类的方法，多态就是允许方法重名，参数或返回值可以是父类型传入或返回。
```
#import "AppDelegate.h"
#import "Worker.h"
#import "Actor.h"
#import "King.h"
Worker *worker = [[Worker alloc] init];
worker.name = @"工人";
[worker work];
King *king = [[King alloc]init];
king.name = @"国王";
[king work];
```

> **小结：**
>
> 本章中，主要介绍了面向对象的特征：封装、继承、多态。封装可以隐藏实现细节，使得代码模块化；继承可以扩展已存在的代码模块（类）；它们的目的都是为了——代码重用。而多态则是为了实现另一个目的——接口重用！多态的作用，就是为了类在继承和派生的时候，保证使用"家谱"中任一类实例的某一属性时的正确调用。

类目、延展、协议、单例

OC用于扩展已存在类的内置功能是它最强大的功能之一。下面几种手段提供了可以让你扩展类功能的方式。使用它们，无需继承便可以扩展类功能。需要注意的是，这些手段只能增加类的方法，并不能用于增加实例变量，要想增加实例变量，还是需要定义子类来实现。

(1) 类目(Category)：指向已知的类，增加新的方法，不会破坏封装性。已知的类既包括自己定义的类，也包括系统已有的类。

(2) 延展(Extension)：即通过在自己类的实现文件中添加类目来声明私有方法。

(3) 协议(Protocol)：声明一些方法，但让别的类来实现，也能为类增加方法。

12.1 类目Category

类目也称为分类。通过定义类目，你可以为已知的类增加新的方法，哪怕是那些你没有源码的类。这是OC提供的一种强大的功能，使得你不用定义子类就能扩展一个类的功能。使用类目，你还可以将你自己的类的定义分开放在不同的源文件里。

(1) 可以为已知的类添加方法，哪怕是你没有源码的类；

(2) 通过类目添加方法会成为原始类的一部分，调用与其他方法相同；

(3) 与原类中的方法同级；

(4) 在父类中添加类目子类会继承该类目中的方法，但在子类中添加类目父类无法拥有这些方法；

(5) 把类中的方法归类，可以更好地管理和维护类。

12.1.1 类目的声明和实现

(1) 命名规则：类名+扩张方法。类目不继承于父类，但接口与定义类很相似，用一个括号表示用途。注意定义类目的时候一定要把原类包含进来。

```
#import "ClassName.h"              //必须引入原类
//接口文件的名称为：ClassName+CategoryName
@interface ClassName(categoryName)
```

```
//methods declarations
@end
```

(2)实现：

```
#import "ClassName+CategoryName.h"  //注意实现时引入的.h文件名
@implementation ClassName(CategoryName)
//method definitions
@end
```

12.1.2 类目的使用

通过类目加入的方法，会成为原始类的一部分。例如：通过类目给UIImageView增加方法，编译器会把这些方法加到UIImageView的定义里面。通过类目加入的方法，使用起来和原类里面的方法没有等级差别，同等对待。类目里定义的方法会被原始类的子类所继承，就跟原始类的其他方法一样。使用类目的最大好处就是可以扩展别人实现的类，而且不需要获得原始类的源代码。但需注意一下几点：

(1) 不能在类目中添加实例变量；

(2) 可以为同一类添加多个类目，但类目名和方法名不能重复；

(3) 不能随意重写类的方法。

12.1.3 举例

下面我们来创建一个类目：

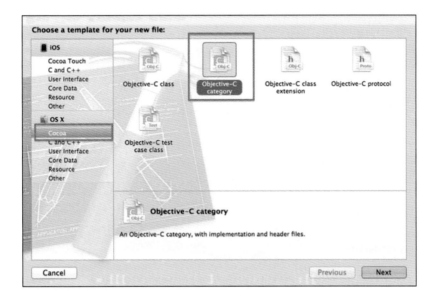

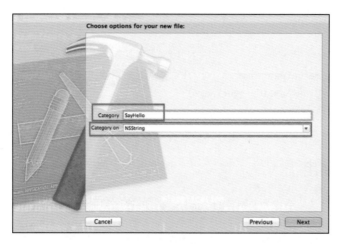

图12.1 创建类目

如图12.1所示，在我们打开的OC工程中，选择新建、文件，即看到第一幅图所示界面，选择OS X下Cocoa后面的类目模板后点击Next，进入第二幅图所示界面，在此界面选择需要扩展的类 NSString，以及类目的名字SayHello，点击Next保存即可。

类目.h文件：

```
#import <Foundation/Foundation.h>
@interface NSString (CSayHello)
-(void)sayHello;//类目的方法
@end
```

类目.m文件：

```
#import "NSString+CSayHello.h"
@implementation NSString (CSayHello)
-(void)sayHello{//类目方法的实现
    NSLog(@"这是类目提供的方法，字符内容为：%@",self);
}
@end
```

调用方式：

```
#import "NSString+CSayHello.h"
int main(int argc, const char * argv[])
{
    @autoreleasepool {
        NSString *str=@"类目举例";      //定义一个字符串对象并赋值
        [str sayHello];//调用类目方法
    }
    return 0;
}
```

运行结果：

2013-03-27 09:43:16:332 Category[13544:303] Hello，这是类目提供的方法，字符内容为：类目举例

类目如何被子类继承？定义一个NSString 的reverse 类目。

接口:

```
@interface NSString (Reverse)
-(id)reverseString;
@end
```

reverString 的方法实现提示:

```
@implementation NSString (Reverse)
-(id)reverseString{
    NSUInteger len=[self length];
    NSMutableString * retStr=[NSMutableString stringWithCapacity:len];
    while (len>0) {
        unichar c=[self characterAtIndex:--len];
        NSString * str=[NSString stringWithFormat:@"%C", c];
        [retStr appendString:str];
    }
    return retStr;
}
@end
```

调用:

```
#import <Foundation/Foundation.h>
#import "NSString+Reverse.h"

int main(int argc, const char * argv[])
{
    @autoreleasepool {
        NSString * str=@"Hello World!";
        NSLog(@"%@", str);
        str=[str reverseString];
        NSLog(@"%@", str);
        //因为NSMutableString继承于NSString，故也可以直接调用该类目方法:
        NSMutableString * str2=[NSMutableString stringWithString:@"WelCome!"];
        NSLog(@"%@", str2);
        str2=[str2 reverseString];
        NSLog(@"%@", str2);
    }
    return 0;
}
```

运行结果:

```
2013-03-27  09:55:19:041 Category[13699:303] Hello World!
2013-03-27  09:55:19:043 Category[13699:303] !dlroW olleH
2013-03-27  09:55:19:044 Category[13699:303] WelCome!
2013-03-27  09:55:19:044 Category[13699:303] !emoCleW
```

12.1.4 类目的局限性

⑴ 无法向类中添加实例变量，如果需要添加实例变量则只能在子类中添加。

⑵ 如果在类目中重写父类方法，可能导致super消息的断裂，因为在类目中的方法优先级高于父类。

12.2 延展Extension

延展是另外一种类目，只不过把类目写在了类的实现文件中。类有时候需要一些只为自己所见所用的私有方法，这种私有方法可以通过延展的方式来声明。延展中定义的方法在类本身的@implementation 代码区中来实现，延展中声明的方法可以不实现。

Cat.h文件：

```
@interface Cat : NSObject
{
    NSString * CatName;
}
-(void) type;
@end
```

Cat_Test.h文件：

```
#import "Cat.h"
@interface Cat (Test)
-(void)test;
@end
```

Cat.m文件：

```
#import "Cat.h"
@implementation Cat
-(void)type
{
    NSLog(@"类型是：动物");
}
-(void) test{
    NSLog(@"test Extension");
}
@end
```

当定义延展的时候，如果不提供类目名，延展中定义的方法被认为是必须实现的。这种情况下，如果方法缺少实现代码，则编译器会报警告。如果指定了类目名，延展中的方法可以不实现。下面来看具体代码：

```
类的.m文件
#import "Dog.h"
//延展写在.m文件上
//延展不提供名称表示方法必须实现，提供名称可以不实现
```

```
//延展是定义私有方法
@interface Dog()
-(void)sayHi;//延展的声明
@end
@implementation Dog
@synthesize name;
-(void)sayHi{//延展的实现
        NSLog(@"%@打招呼",self.name);
}
-(void)say{
        [self sayHi];
}
@end
Dog * dog=[[Dog alloc] init];
[dog say];//.h文件中定义的方法
[dog sayHi];//编译器将不允许通过
//调用私有API在AppStore上不能通过审核
```

12.3 协议Protocol

12.3.1 协议的定义

协议声明一套方法，但是让别的类实现。协议没有父类，也不能定义实例变量。协议里面声明了的方法未与任何类关联。协议就像一个条款一样，一旦某个对象遵守了协议就要实现协议里面的相关方法。下面说一说使用@protocol指令来定义一个协议的方法。

```
@protocol ProtocolName
      method declarations
@end
```

例如：

```
@protocol MyProtocol
 -(void) test;
@end
```

协议中的方法可以通过@optional指令来标记为"可选"，即确认协议的类可以不必实现这些方法。如果不做标记，默认是required，则required是必须要实现的方法。

```
@protocol MyProtocol
-(void) requiredMethod;
@optional
-(void) anOptionalMethod;
-(void) anotherOptionalMethod;
@required
```

```
-(void) anotherRequiredMethod;
@end
```

接受协议在某些方面与声明父类很相似：

(1)它们都为类带来了额外的方法声明；

(2)它们都写在类的接口的类名后；

当一个类把一个协议的名字列在它的父类名后的尖括号中，它即被称为"接受"了这个协议：

```
@interface ClassName : ItsSuperclass <protocol list>
```

一个类可以同时接受多个协议，协议名之间用逗号隔开：

```
@interface Person : NSObject <Protocol1,Protocol2,Protocol3>
```

一个类实现了协议中声明的方法，称为"确认"了这个协议。协议需要被其他类所"确认"，否则这个协议就没有什么意义了。

协议同样可以用于对对象进行类型指定。在使用协议进行类型指定时，协议名写在类名后的尖括号中。

```
id<MyProtocol> anObject;//这表明anObject是一个接受了MyProtocol协议的id类型的对象。
```

例子：

第一步：我们定义一个协议

```
@protocol AnimalAction <NSObject>
@required//必须实现的
-(void)eat;
@optional//选择实现的
-(void)sleep;
@end
```

第二步：添加一个类，设置一个协议代理属性

```
@interface Cat: NSObject
@property (nonatomic,assign) id<AnimalAction> delegate;//声明属性代理（）该属性遵守
AnimalAction协议
-(void)action;
@end
@implementation Cat
@synthesize delegate;
-(void)action{
    //使用if委托给的对象是否遵守了协议
    if ([self.delegate conformsToProtocol:@protocol(AnimalAction)]) {
        [self.delegate eat];
        [self.delegate sleep];
    }
}
@end
```

第三步：在另一个类中实现我们协议中的方法

```
@interface Panda : NSObject<AnimalAction>//引入协议
```

```
@end
@implementation Panda
-(void)eat{
    NSLog(@"Eat something!");
}
-(void)sleep{
    NSLog(@"Go to sleep!");
}
@end
```
调用：
```
Cat * mCat = [[Cat alloc] init];
Panda * mPanda = [[Panda alloc] init];
mCat.delegate=mPanda;//将代理属性交给mPanda
[mCat action];
```

12.3.2 协议的作用

(1) 需要有别的类实现的方法。
(2) 声明为子类的接口。
(3) 两个类之间的通信。

12.3.3 协议的特点

(1) 协议声明的方法可以被任何类实现。
(2) 协议不是类，是定义了可以被其他类实现的接口。
(3) 如果在某个类中实现了协议中的一个方法，那么可以说这个类实现了该协议。

12.4 单例Singleton

单例的意思就是唯一一个实例。单例确保这一个实例自行初始化并向整个系统提供这个实例，这个类称为单例类。

(1) 单例模式的要点：

显然单例模式的要点有三个：一是某个类只能有一个实例；二是它必须自行创建这个实例；三是它必须自行向整个系统提供这个实例。

(2) 单例模式的优点：

实例控制：Singleton 会阻止其他对象实例化其自己的 Singleton 对象的副本，从而确保所有对象都访问唯一实例。

灵活性：因为类控制了实例化过程，所以类可以更加灵活地修改实例化过程。

iOS sdk中有很多这种实例，后面在开发过程中我们会遇到：

[UIApplication sharedApplication] 返回一个指向代表应用程序的单例对象的指针。

[UIDevice currentDevice] 获取一个代表所有使用硬件平台的对象。

(3) iOS中的单例

在objective-c中要实现一个单例类，需要执行下面两个步骤：

① 构建一个静态实例，然后设置成nil；

② 实现一个类方法，检查上面声明的静态实例是否为nil。如果是，则新建单例类唯一的实例并返回，如果不为nil，则返回这个实例本身。

```
static SurveyRunTimeData *sharedObj = nil;
//第一步：静态实例，并初始化。
@implementation SurveyRunTimeData
+ (SurveyRunTimeData*) sharedInstance
//第二步：实例构造，检查静态实例是否为nil。
{
    @synchronized (self)
    {
        if (sharedObj == nil)
        {
            [[self alloc] init];
        }
    }
    return sharedObj;
}
```

小结：

本章中，主要介绍了扩展类的方式，类目、延展、协议以及单例的用法。

程序基本结构

所有的编码工作都需要一个基本的工程，iOS SDK提供了很多种工程模板，可以根据具体需要选择。当我们需要开始一个app的项目时，需要建立一个基于Application的模板。让我们从最基本的Main函数开始，了解一个app的构成。

13.1 Main函数

iOS应用程序中，main函数仅在最小程度上被使用，应用程序运行所需的实际工作由UIApplicationMian函数来处理。每个工程模板都会提供一个main函数的标准实现，而且我们几乎不会对main函数作任何更改。

Main函数示例：
```
int main(int argc, char *argv[])
{
    @autoreleasepool {
return UIApplicationMain(argc, argv, nil, NSStringFromClass([AppDelegate class]));
    }
}
```

主函数中只有唯一一个执行语句，它包含在一个关键字@autoreleasepool中，这个关键字用于创建一个自动释放池（用于存放便利构造的对象）。程序核心的UIApplicationMain函数接收4个参数，除了主函数的argc和argv之外，还需要另外2个NSString类型参数，分别用于标识应用程序的首要类和应用程序的委托类。

* NSStringFromClass函数，这个函数根据一个Class参数生成一个字符串。

13.2 创建工程

我们尝试新建一个工程：
1、选择一个工程模板。

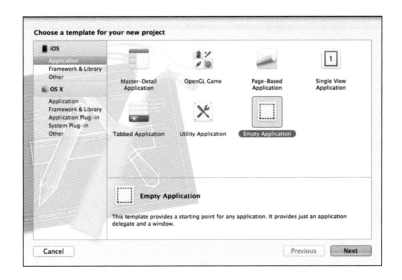

2、填写工程名，选择适配设备。

3、选择项目文件所在路径。

4、创建完成。

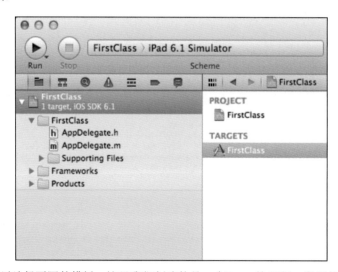

创建工程可以选择不同的模板，这里我们创建的是一个Empty的工程，常用的还有singleview和utility的工程模板。

13.3 应用程序的委托

委托模式的目的是使得应用程序的创建省时省力，每个应用程序都必须有程序委托对象（支持UIApplicationDelegate协议的对象），因为它负责处理关键的系统消息。

点开AppDelegate.m文件，可以看到工程中已经存在几个常见系统消息的代理方法：

- (BOOL)application:(UIApplication *)application

didFinishLaunchingWithOptions:(NSDictionary *)launchOptions；//应用程序首次启动

- (void)applicationWillResignActive:(UIApplication *)application；//应用程序将要进入非活动状态时

- (void)applicationDidEnterBackground:(UIApplication *)application；//程序将进入后台运行时，前提条件是程序支持后台运行。

- (void)applicationDidBecomeActive:(UIApplication *)application；//程序重新激活时

- (void)applicationWillTerminate:(UIApplication *)application;//程序退出时

* 除了用户点击Home键会导致应用程序终止外，系统也可能终止程序以使得用户响应其他重要事件。例如：呼入的电话、SMS、日历提醒等。

用户点击程序图标（icon.png）时，如果是首次启动将展示默认图片（Default.png），didFinishLaunchingWithOptions方法将被调用，界面加载完成后切换到主界面。当用户点击home键退出时，applicationWillResignActive将被调用。用户点击程序图标，若程序不是第一次启动，则applicationDidBecomeActive被调用。程序退出时，applicationWillTerminate被调用。

* 当程序被中断时，我们应该进行的处理包括：

停止timer 和其他周期性的任务

停止任何正在运行的请求（支持后台运行的，可以保留）

暂停视频的播放

如果是游戏那就暂停它

减少OpenGL Es的帧率

一个新的工程被创建时，应用程序代理类AppDelegate会被自动创建，其中didFinishLaunchingWithOptions方法中已经初始化了最底层的视觉组件——UIWindow。

13.4 UIWindow

UIWindow的功能是为app的展示提供平台，所有程序中构建的可视化的视图或控件，最终都是加载到window上展示的。

一个app可以有多个window，但实际应用中应尽力避免建立多个window，那会导致一些不必要的麻烦。

window的初始化方法为：

self.window=[[[UIWindo walloc] initWithFrame:[[UIScreen mainScreen] bounds]] autorelease];

上例中初始化的window是一个普通的UIWindow，它附加了高度为20的状态栏，实际上UIWindow根据优先级不同有三种：

UIWindowLevelNormal //普通window

UIWindowLevelStatusBar //状态栏级window

UIWindowLevelAlert //警示级window

它们的优先级依次由低到高，优先级别决定了window的显示和交互优先度。当有优先级高的window出现时，它会优先展示并接收用户交互，比如弹出视图UIAlertView，它就是利用UIWindowLevelAlert级别的window实现对交互的封锁。

window上可以直接加其他视图：

[self.window addSubview:view];

但是一般情况下，我们遵循MVC设计模式，先设置根控制器（rootViewController），让根视图控制器去执行视图的加载与切换。

self.window.rootViewController = [[[RootViewController alloc] init] autorelease];

可以通过[UIApplication sharedApplication].keyWindow在程序中的任意位置，来获取应用程序代理中构建的UIWindow实例，如果设置了根控制器，也可以通过它获取。

关于视图控制器的更多内容，我们会在接下来的课程中讲到。

小结：

本章介绍了程序的基本结构，以及如何创建一个包含应用程序代理的工程模板，并介绍了Main函数和一些系统消息。Main函数构建一个自动释放池，程序的主要工作由UIApplicationMain函数执行；应用程序使用委托模式，应用程序代理类负责处理关键的系统消息；UIWindow是应用程序展示的平台。

视图

当你启动一个app后，所看到的和所操作的内容，几乎都由UIView和它的子类构成。苹果的文档中对于UIView的描述是：UIView在屏幕上定义了一个矩形区域和管理区域内容的接口，在运行时，一个视图对象控制该区域的渲染，同时也控制内容的交互。简单地概括UIView的功能就是：展示、渲染、交互。

14.1 UIView的初始化方式

　　- (id)initWithFrame:(CGRect)frame;
　　参数frame是一个CGRect类型变量（结构体），CGRect包含origin和size两个成员变量，分别代表视图的位置和尺寸。

14.2 UIView的常见属性及含义

　　frame——相对父视图的位置和大小(CGRect)
　　bounds——相对自己的位置和大小(CGRect)
　　center——相对父视图的中心点(CGPoint)
　　transform——变换属性(CGAffineTransform)
　　superview——父视图
　　subviews——子视图
　　window——当前view所在的window
　　backgroundColor——背景色(UIColor)
　　alpha——透明度(CGFloat)
　　hidden——是否隐藏(BOOL)
　　userInteractionEnabled——是否开启交互
　　tag——区分标识(NSInteger)
　　layer——视图层（动画部分重点讲解）(CALayer)
　　通常，要改变一个视图的位置可以设置frame和center，控制视图是否显示可以设置alpha和hidden。注意，这些属性并非完全独立，改变其中一个属性可能导致其他属性的改变。例如改变

frame的同时，center和bounds都可能发生改变。改变alpha，hidden同样可能改变。使用的时候应尽量避免同时使用关联的属性，防止出现异常。

14.3 UIView的常用方法

- （void）removeFromSuperview;//从父视图中移除
- （void）addSubview:（UIView *）view;//添加一个子视图
- （void）bringSubviewToFront:（UIView *）view;//将某个子视图移至最上方显示
- （BOOL）isDescendantOfView:（UIView *）view;//判断一个view是否是子view
- （UIView *）viewWithTag:（NSInteger）tag;//取到指定tag值的view

UIView添加的顺序是后来居上，也就是我们所看到的视图是最后一个添加的视图。当然，其他属性如frame、alpha及hidden也会影响视图的显示。同一个UIView可以有多个子视图，但同时只能有一个父视图，它可以在不同的视图上加载，但做这种操作时需要注意frame的变化。

注意，默认情况下，超出范围的子视图依旧可以出现在界面上，但是无法交互。很多时候你会发现添加的按钮无法点击，或输入框不响应，都可能是这个原因。我们可以通过设置clipToBounds属性让超出父视图的部分不显示。

14.4 自定义UIView

1.先在工程中点击右键，选择创建一个文件。

2.然后选择一个模板，这里选择的是基本Objective-C类。

3. 点击next，输入你要创建的类名、父类名。

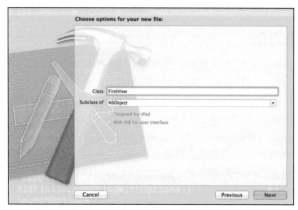

4. 点击next，选择文件路径。可以看到默认路径已经是工程文件了。

5. 点击create，完成创建。

我们在AppDelegate.m中导入新建的类：

#import "FirstView.h"

然后在window的初始化之后加上如下代码：

FirstView * view1 = [[FirstView alloc]initWithFrame:self.window.frame];

[self.window addSubview:view1];

[view1 release];

这样我们新建的一个视图，就添加到程序界面了。

在XCode左上角选择iPhone6.0 simulator，然后运行。

可以看到界面没有任何变化，因为我们添加的view没有任何颜色，也没有添加任何其他控件。所以你看到的颜色是"透明"的，实际上我们看到的是window的颜色，我们插入如下代码：

FirstView * view1 = [[FirstView alloc]initWithFrame:self.window.frame];

view1.backgroundColor = [UIColor redColor];

[self.window addSubview:view1];

[view1 release];

运行，屏幕就变成红色了。

* 注意，当一个UIView对象被加载的时候，即在addSubview:方法中作为参数时，它的retainCount会被+1，所以我们经常看到上例中的代码初始化一个视图，添加之后马上release。同样的，在removeFromSuperview时，retainCount会-1，如果view没有被移除，它会在其父视图释放时被释放。

* UIView和很多其他视图控件的默认tag值是0，所以我们设定tag值时一定不能取0，实际应用中一般使用宏定义设定tag值以方便管理（循环和批量设定除外）。

小结：

本章我们介绍了基本视图UIView,它的初始化、常用方法以及自定义方法。视图的作用是：展示、渲染、交互；视图需要指定一个frame，子视图上超出这个frame范围的部分将无法交互；视图会在随着父视图retainCount的变化而变化。

简单视图控件

在iOS设备上，视图为app提供数据的可视化表示，同时它还有响应交互的能力，常用的所有的视图都是UIView或者它的子类。控件是专为用户交互设计的一个预建屏幕对象库，作用是将交互转换成回调，用户通过触摸和其他操作与应用程序交互，程序通过回调作出相应的响应动作。常用的控件继承自UIControl（它是UIView的子类）。

15.1 按钮UIButton

UIButton类实例提供简单的屏幕按钮，它可以通过回调响应用户的点击，并且可以灵活配置外观、样式和文本。

15.1.1 UIButton的初始化

UIButton *button = [UIButton buttonWithType:UIButtonTypeRoundedRect];//便利构造方法
button.frame = CGRectMake(100, 100, 120, 40);
[button setTitle:@"按钮" forState:UIControlStateNormal];
[button addTarget:self action:@selector(changeTitle:)
forControlEvents:UIControlEventTouchUpInside];
上例中构建了一个简单的圆角矩形按钮，同时，我们给按钮设置了一个触发事件@selector(changeTitle:)和触发方式UIControlEventTouchUpInside。
* 关键字@selector（）返回一个SEL类型，我们称之为选择器。Objective-C在编译的时候，会根据方法的名字（包括参数序列），生成一个用来区分这个方法的唯一的一个ID，这个ID就是SEL类型，它可以作为参数传递。

15.1.2 事件与回调

上例中我们将按钮的关联事件设置为UIControlEventTouchUpInside，它是一个触摸弹起事件，常用的事件类型有：
UIControlEventTouchUpInside //触摸弹起事件
UIControlEventValueChanged //值变化事件
UIControlEventTouchDown //边界内触摸按下事件

UIControlEventTouchDownRepeat //轻击数大于1的重复按下事件

控件根据需要可以设置多个事件类型，对于同一个事件同样可以关联多个方法。当一个控件捕捉到用户对应的操作后，它会执行选择器的方法。我们将上例中的方法通过如下操作实现：

```
- (void)changeTitle:(id)sender
{
    UIButton *button = (UIButton *)sender;//强制类型转换
    [button setTitle:@"按钮点击" forState:UIControlStateNormal];
}
```

这样，当点击按钮时，self会执行changeTitle方法，改变按钮的title。

* 给UIButton设定触发方法时，注意上例中选择器的方法@selector(changeTitle:)是有冒号的，这表示这个方法会附加一个参数，参数固定为触发事件的UIButton。如果这里不带冒号，则在添加方法的时候不能带参数，否则会找不到方法，导致程序崩溃。

15.1.3 设置背景和文字

一般情况下，UIButtonTypeRoundedRect类型的按钮仅用于测试，实际应用中多使用带image的按钮，可以通过如下方法设置一个UIButton的背景图：

```
[button setBackgroundImage:[UIImage imageNamed:@"1.png"]
forState:UIControlStateNormal];
```

设置title的方法与背景图类似：

```
[button setTitle:@"按钮" forState:UIControlStateNormal];
```

注意，按钮在设置背景和文字的时候，附加了一个状态。上例中的状态是正常状态，同样的，按钮可以设置在其他状态下的背景图：

```
[button setBackgroundImage:[UIImage imageNamed:@"2.png"]
forState:UIControlStateHighlighted];
```

当按钮处于点击状态时，会自动切换到这张背景图，按钮常用的状态还有

UIControlStateSelected//选中状态
UIControlStateDisabled//无法交互状态

15.1.4 自定义按钮

当我们遇到特殊功能的按钮，它可能多次出现在界面上，这种情况下，使用大量重复的代码会消耗不少时间，甚至导致其他问题。处理这种情况的最好方法就是自定义按钮，也就是经常提到的封装。

比如我们想要实现这样的效果，点击按钮时它的背景会在红黄蓝三种颜色之间随机切换，而且界面上要同时出现多个这样的按钮。以下就是实现这种效果的一个例子：

先建立一个类继承UIButton，这里取名为CCButton,实现以下代码。

```
#import <UIKit/UIKit.h>
@interface CCButton : UIButton
{
```

```
        NSArray *colorArray;
}
@end
#import "CCButton.h"
@implementation CCButton
- (id)initWithFrame:(CGRect)frame
{
    self = [super initWithFrame:frame];
    if (self) {
        // Initialization code
        colorArray = [[NSArray alloc]initWithArray:@[[UIColor redColor],[UIColor
blueColor],[UIColor yellowColor]]];
        self.backgroundColor = [UIColor redColor];
        [self addTarget:self action:@selector(changeColor)
forControlEvents:UIControlEventTouchUpInside];
    }
    return self;
}
- (void)changeColor
{
    int index = arc4random()%3;
    self.backgroundColor = [colorArray objectAtIndex:index];
}
-(void)dealloc
{
    [colorArray release];
    [super dealloc];
}
@end
```

然后可以在任何地方使用这个按钮，它都能够实现我们所需要的效果。

* 注意，我们将自定义部分代码写在initWithFrame方法中，如果要使用这个自定义按钮效果，那么初始化时，需要执行这个方法才能获取想要的按钮。初始化方法可以为initWithFrame，或者将buttonWithType的参数设定为UIButtonTypeCustom（用这种方式初始化，也会执行initWithFrame方法），如果用[CCButton buttonWithType: UIButtonTypeRoundedRect]，则创建的只是一个普通的圆角UIButton。

※ 小思考，假如我们的效果不是点击切换颜色，而是每秒按钮自动变换颜色，应该如何实现呢？（提示，使用NSTimer）

15.2 标签UILabel

UILabel是最常用的文本展示视图，它能够展示不同字体、颜色、大小的文字。

15.2.1 UILabel的常用属性

text//设置文本内容
font//设置文本字体格式和大小
textColor//设置文本颜色
textAlignment//设置对齐方式

15.2.2 UILabel的初始化

UILabel*label=[[UILabel alloc]initWithFrame:CGRectMake(100, 100, 120, 40)];
label.text=@″hello!″;
label.font=[UIFontfontWithName:@″Arial″size:18];label.textColor=[UIColor redColor];
label.textAlignment = NSTextAlignmentCenter;//对齐方式，这里选择的是中对齐
[self.view addSubview:label];
[label release];

15.2.3 更好的文本展示

UILabel在展示文字的时候，如果文字过长，它只会展示一部分，而后用省略号代替。如果要展示全部文字，需要进行处理，常用的方法是让UILabel去适应文字大小，方法如下：

NSString *text = @″Objective-C is an excellent programming language.″;
UIFont *font=[UIFont fontWithName:@″Arial″ size:18];
CGSizesize=[textsizeWithFont:fontconstrainedToSize:CGSizeMake(120,2000)lineBreakMode:NSLineBreakByWordWrapping];//设定想要设置的最大界限，比如这里，我们设置最宽为120，最高为2000
UILabel*label=[[UILabel alloc]initWithFrame:CGRectMake(100,100,size.width,size.height)];
label.text = text;
label.font = font;
label.lineBreakMode = NSLineBreakByWordWrapping;//断句方式
label.numberOfLines = 0;//行数，多行或自适应设为0即可
label.textColor = [UIColor redColor];
label.textAlignment = NSTextAlignmentLeft;

15.3 其他简单控件

15.3.1 开关控件UISwitch

UISwitch一般使用在功能的开启或关闭、是与否的选择等方面。在iOS6.0中，增加了UISwitch设置背景的功能，这意味着我们的开关不再是单调的白底蓝色风格，而可以配置我们需要的风格的开关。

通过设置onImage和offImage这两个属性，可以设置两种状态的背景。

UISwitch关联的事件一般为值改变事件（UIControlEventValueChanged），可以添加从某一个状态切换到另一个状态的触发。

15.3.2 滑块控件UISlider

UISlider一般用在音量调节、颜色、大小等数值的选择，默认的UISlider的最小值为0.0（minimumValue），最大值为1.0（maximumValue），UISlider滑动时，其值（value）会在这个范围内变动。UISlider关联的事件可以为值改变事件（UIControlEventValueChanged）、点击事件（UIControlEventTouchUpInside）和其他事件。

UISlider提供了两个UIImage属性，minimumValueImage和maximumValueImage，可以设置滑动显示效果。

15.3.3 多选控件UISegmentedControl

UISegmentControl与前面提到的控件初始化方法有所不同，它可以通过一个字符串数组生成：

UISegmentedControl *segment = [[UISegmentedControl alloc]initWithItems:@[@"1",@"2",@"3"]];

通过selectedSegmentIndex属性可以获取当前点击的按钮的index，然后作出相应的处理。

* 在前面的例子中，我们并没有严格地遵循iOS开发的MVC设计模式，直接在window上添加视图控件是一种不严谨的行为。通常状况下，我们给视图设置控制器，来控制视图的加载。

> **小结：**
>
> 控件是将用户触摸转变成回调的屏幕组件，所有基本控件都继承自UIControl（它是UIView的子类）；UIButton有两种初始化方法，它可以在不同的状态下设置不同的背景图和title；UIButton的简单自定义方法为继承后重写init方法；UILabel能够实现展示简单文本，并设置文本的字体、颜色、对齐方式；自适应文字大小的方法是先计算某段文字所占的屏幕区域，然后设置UILabel的frame。

视图控制器

视图控制器（UIViewController）在MVC设计模式中扮演着控制层的角色，它为iOS应用程序提供了基础的视图管理。模型（Model）是后端数据，视图（View）是前端用户界面，视图控制器(Controller)位于两者之间，接受用户的输入，并对其他两者产生影响。iOS SDK提供了很多控制器类，所有的视图控制器类都继承自UIViewController。

16.1 基本视图控制器

我们可以这样理解UIWindow、UIView和控制器之间的关系：如果window是电视屏幕，那么view就是电视节目，控制器可以简单理解为遥控器。我们通过电视机看节目，通过遥控器在不同的节目之间做切换，同时可以进行颜色、声音等属性的改变。

UIView的功能倾向于展示、渲染、交互，UIViewController的功能倾向于管理、切换、传递。有时候，我们也使用视图来"客串"视图控制器的角色，但是对于复杂的功能，使用视图控制器能更好地掌控视图的层次和生命周期，尤其是很多视图控制器封装了各自独特的功能，使用非常方便。

16.1.1 UIViewController的初始化

UIViewController *vc = [[UIViewController alloc]init];
如果使用了IB创建视图，可以用下面的方法初始化：
- (id)initWithNibName:(NSString *)nibNameOrNil bundle:(NSBundle *)nibBundleOrNil;

16.1.2 常用方法和执行顺序

我们通过UIViewController的几个常用方法来了解一下一个视图的呈现与移除过程：
- (void)viewDidLoad;//视图加载完成
- (void)viewWillAppear:(BOOL)animated;//将要显示
- (void)viewDidAppear:(BOOL)animated;//显示完成
- (void)viewWillDisappear:(BOOL)animated;//将要移除
- (void)viewDidDisappear:(BOOL)animated;//已经移除
另外一些特殊的方法如下：

- （void）didReceiveMemoryWarning；//内存警告
- （BOOL）shouldAutorotate;//支持转屏
- （NSUInteger）supportedInterfaceOrientations;//支持的转屏方向

16.1.3 自定义视图控制器

自定义一个UIViewController的方法和UIView类似。注意，UIViewController和它的子类只是控制视图，所以你无法在用户界面上看到它，但是你可以看到它控制的UIView。

自定义一个RootViewController类，如果在创建时选择了XIB，可以用如下方法初始化：

[[RootViewController alloc]initWithNibName:@"RootViewController" bundle:nil];

给window添加一个根视图控制器示例：

RootViewController * rootViewController = [[RootViewController alloc]init];

self.window.rootViewController = rootViewController;

[rootViewController release];

这是一个少有的不用担心内存管理的问题，因为AppDelegate是作为应用程序的代理，只要程序运行，就不会释放。

* 注意，如果你的运行设备是iPhone5，那么[UIScreen mainScreen].bounds的值为{{0,0}, {320, 568}}，而 设 备 为 iPhone4S或 其 他 iPhone时 值 为 {{0,0},{320,480}}，iPad为 {{0,0},{768,1024}}。

可以通过如下方法打印视图的frame NSLog(@"%@",NSStringFromCGRect(self.view.frame))。

如果我们不将控制器作为根视图控制器，只是想使用它的界面展示功能，试想一下如下代码会导致什么问题：

TestViewController *test = [[TestViewController alloc]

initWithNibName:@"TestViewController" bundle:nil];

[self.view addSubview:test.view];

[test release];

按照前面的比喻，这意味着当你在看电视的时候，遥控器没了。虽然界面仍能正常展示，但只要稍微增加一点功能，就会导致异常。比如我们在TestViewController中添加了一个按钮，点击时，由于这个控制器的实例已被释放，很显然会导致程序crash。

解决这个问题可以将视图控制器作为全局变量保存，或者添加下面的方法：

[self addChildViewController:test];

16.1.4 视图控制器的切换

由一个视图控制器切换到另一个视图控制器有很多种方法，比如我们前面提到的[self addChildViewController:test]方法，如果参数中的视图控制器已经有了父控制器，它将先从父控制器中移除。一般情况下，我们在切换控制器的时候同时进行视图的切换，这就是常用的推送：

[self presentViewController:viewController1 animated:YES completion:nil];

这个方法是将界面的控制权由一个控制器交给另一个控制器，同时，界面经过简单动画过渡到后一个控制器的视图。前一个控制器并没有释放，可以用如下方法返回上一个控制器：

[self dismissViewControllerAnimated:YES completion:nil];

注意，当前的视图控制器在返回之后会release，这里遵循"栈"后进先出的原则。

如果要在切换的两个界面间进行传值，简单的值传递可以直接使用属性实现。

比如我们需要传递一个UILabel的text，可以建立一个NSString的属性，在推送之前赋值给要推送的控制器：

```
viewController1.sendString = label.text;
```

这样，在视图控制器的viewDidLoad方法执行之前，它的sendString属性已经有label的text值。复杂的传值，比如多个属性，或者涉及图片、音视频数据等，可以使用代理传值，或者封装成对象传递。

16.2 导航控制器

导航控制器UINavigationController可以凭借少量代码，实现在不同界面间的往返。它提供完整的历史记录控制，自动处理返回和内存，并且无需任何复杂的编码。

16.2.1 导航控制器的推送和返回

每个导航控制器都有一个根视图控制器，从根视图控制器推送到新的视图控制器会自动构建一个Back按钮。新的视图控制器依然可以继续推送，并且导航控制器会自动记录每个推送，确保每次都能准确地返回上一个控制器。推送到一个视图控制器，会进行界面的控制权的移交，但是上一个控制器存在于栈中，不会释放。

返回上一个控制器会将视图弹出栈，系统会自动释放这部分内存而不需要手动管理（注意，自动释放的前提是编码的时候没有对视图控制器做其他导致retainCount+1的操作，比如添加了NSTimer重复任务）。

直接在AppDelegate中构建导航控制器是一个不错的选择：

```
RootViewController * root = [[RootViewController alloc]init];
UINavigationController * nav = [[UINavigationControlleralloc]
initWithRootViewController:root];
[root release];
self.window.rootViewController = nav;
[nav release];
```

这样做的好处是，我们可以在程序的任何视图控制器中做推送，并且使用UINavigationController自带的动画，而不需要任何复杂的代码：

```
[(UINavigationController *)[UIApplication
sharedApplication].keyWindow.rootViewController  pushViewController:viewController1
animated:YES];
```

程序中获取到window的根控制器是一件很容易的事情，在你找不到控制器对象的时候，任何添加到window上的视图控件都能触发推送。

返回上一个视图控制器可以用如下的方法：

```
[self.navigationController popViewControllerAnimated:YES];
```

某一个视图控制器也可以直接返回导航控制器的根视图控制器：

```
[self.navigationController popToRootViewControllerAnimated:YES];
```

返回根视图控制器，会将所有从根视图控制器推入的子控制器全部弹出栈。

某一个控制器，也可以返回之前推送历史的某一个控制器：

[self.navigationController popToViewController: viewController1 animated:YES];

一个控制器只能返回它的推送历史中存在的控制器，如果不在这个推送的历史记录中，即使他们拥有同一个根控制器，也无法返回。

导航控制器与视图控制器的推送关系可以用下图来描述：

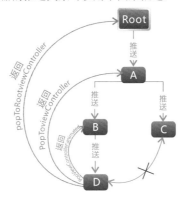

16.2.2 导航栏的自定义

导航栏在iPhone上竖屏时高度为44，横屏为32，转屏时高度自动变换。

通过直接访问navigationBar属性，可以改变导航栏的风格和颜色：

self.navigationController.navigationBar.barStyle = UIBarStyleBlackTranslucent;

为导航栏添加一个右功能键：

self.navigationController.navigationItem.rightBarButtonItem=[[UIBarButtonItem alloc] initWithTitle:@"send"style:UIBarButtonItemStyleBorderedtarget:self action:@selector(send:)];

iOS5.0开始，可以直接给导航栏设置背景图：

[self.navigationController.navigationBar setBackgroundImage:[UIImage imageNamed:"背景png"] forBarMetrics:UIBarMetricsDefault]

同时，也可以直接通过avigationItem的titleView属性，给导航栏添加任何你所需要的元素。

下面是一个改变了背景的导航栏示例：

16.3 标签控制器

标签控制器（UITabBarController）常用于展示多个（并列的）视图，用户可以通过点击按钮快速地在多个视图控制器之间来回切换，使得程序的功能更为明确，对比导航控制器，它更多的用于控制多个没有层级关系的、频繁切换的视图。

16.3.1 标签控制器的切换关系

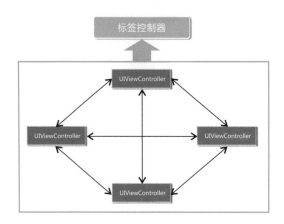

任意一个视图控制器都可以切换到其他视图控制器，并且可以从任何其他视图控制器切换至它，所有视图控制器都可以通过标签控制器进行管理。

通过viewControllers属性可以获取到标签控制器所包含的所有控制器，通过selectedIndex属性可以获取到当前处于选中（展示）状态的控制器。

16.3.2 标签控制器的初始化

```
UIViewController *vc1 = [[UIViewController alloc]init];
UIViewController *vc2 = [[UIViewController alloc]init];
UIViewController *vc3 = [[UIViewController alloc]init];
UITabBarController *tabBarController = [[UITabBarController alloc]init];
tabBarController.delegate = self;
tabBarController.viewControllers = @[vc1,vc2,vc3];
self.window.rootViewController = tabBarController;
[tabBarController release];
[vc1 release];
[vc2 release];
[vc3 release];
```

* 程序在UITabBarController初始化完毕时，默认显示的是第一个视图控制器的视图，虽然三个视图控制器都已经初始化完毕，但是并未执行viewDidLoad方法，只有当点击对应的按钮时，才进行视图的加载。所有视图与控制器在切换时均不释放，也就是说如果不做任何处理，所有UITabBarController的视图控制器都存在于内存中。

16.3.3 设置文字与图片

直接运行上述的代码会发现界面上出现的3个黑色按钮，但是没有文字和图片。

通过如下的方法可以给相应的按钮设置文字和图片：

[[tabBarController.tabBar.items objectAtIndex:0] setTitle:@"第一页"];

[(UITabBarItem *)[tabBarController.tabBar.items objectAtIndex:0] setImage:[UIImage imageNamed:@"1.png"]];

如果我们不通过tabBarController进行设置，也可以在每个viewController中分别进行设置：

self.tabBarItem.title = @"第二页";

* UITabBarController默认情况下最多只能展示5个Item，如果超过5个，第5个Item的文字会自动变成"更多"。当用户点击更多时，没有展示的Item会以列表的形式全部展示。

16.3.4 UITabBarController的自定义

iOS5.0以上支持对UITabBar更改背景图：

tabBarController. tabBar. backgroundImage = [UIImage imageNamed:@"黄色.png"];

需要注意的是，更改的只是标签栏的背景，而上面的按钮是无法直接改背景图的，并且如果使用UITabBarController原装的按钮，需要使用"镂空"的图片。如上例中的3个图标，苹果为这些图标增加了点击效果。或者使用setFinishedSelectedImage: withFinishedUnselectedImage方法设置两种不同状态的图片。

如果需要添加更具特色的标签栏，可以选择隐藏系统原有的界面，然后添加个性化控件。

继承UITabBarController重写init的方法：

```
- (id)init
{
    self = [super init];
    if (self) {
        // Custom initialization
        for (UIView * view in self.view.subviews) {
            if ([view isKindOfClass:[UITabBar class]]) {
                view.bounds = CGRectZero;//将下方切换按钮的视图部分隐藏
            }
        }
        //添加按钮或其他控件，触发点击切换视图
    }
    return self;
}
```

这样做的目的是在保留UITabBarController的视图管理功能的前提下，去掉与UI风格不符的系统控件。

这样，我们可以在界面上添加任何风格的标签栏，例如添加6个按钮，将UIButton的点击事件和selectedIndex属性关联上即可。

界面上同时有6个切换按钮的自定义标签栏：

16.4自动布局

16.4.1 AutoLayout简介

iPhone5屏幕尺寸的改变让我们不得不面临像Android开发者那样为不同尺寸屏幕进行应用适配的工作。在iOS6之前，我们都是通过Autoresizing Mask来处理屏幕旋转时的匹配和iPhone、iPad的屏幕适配问题。好在苹果在iOS6中引入了AutoLayout的新特性，它的诞生就是为了简化开发者开发不同尺寸屏幕应用的过程，这是iOS6中最重大的UI制作改变，也是苹果大力推广的布局方法。在不久的将来，这种布局方式将会成为一个趋势，所以学会使用AutoLayout显得非常重要。

AutoLayout是一种基于约束的、描述性的布局系统。

●基于约束——和以往定义frame的位置和尺寸不同，AutoLayout的位置确定是以所谓相对位置的约束来定义的，比如x坐标为superView的中心，y坐标为屏幕底部上方10像素等。

●描述性——约束的定义和各个view的关系使用接近自然语言或者可视化语言（稍后会提到）的方法来进行描述。

●布局系统——即字面意思，用来负责界面的各个元素的位置。

总而言之，AutoLayout为开发者提供了一种不同于传统对于UI元素位置指定的布局方法。以前，不论是在IB里拖放，还是在代码中写，每个UIView都会有自己的frame属性，来定义其在当前视图中的位置和尺寸。使用AutoLayout的话，就变为了使用约束条件来定义view的位置和尺寸。这样的最大好处是一举解决了不同分辨率和屏幕尺寸下view的适配问题，另外也简化了旋转时view的位置的定义，原来在底部之上10像素居中的view，不论在旋转屏幕或是更换设备的时候，始终还在底部之上10像素居中的位置，不会发生变化。使用约束条件来描述布局，view的frame会依据这些约束条件来进行计算。

16.4.2 创建约束条件

创建约束条件的方式很有意思，它是一种可视格式语言，我们先来看下面这张图：

上图要表达的意思是有2个按钮，Accept按钮在Cancel按钮的右侧默认间距处，因此我们可以采用下面的方式创建描述条件：

[NSLayoutConstraint constraintsWithVisualFormat:@"[cancelButton]-[acceptButton]" options:0 metrics:nil views: NSDictionaryOfVariableBindings(cancelButton,acceptButton)];

"[cancelButton]-[acceptButton]"这部分就是可视格式语言，第四个参数是一个字典，存放的是需要指定约束的view。

在view名字后面添加括号以及连接处的数字可以赋予表达式更多意义，以下进行一些举例：

●[cancelButton(72)]-12-[acceptButton(50)]

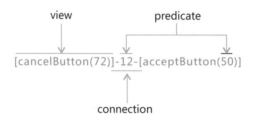

取消按钮宽72point，accept按钮宽50point，它们之间的间距12point。

● [wideView(>=60@700)]

wideView宽度大于等于60point，该约束条件优先级为700（优先级最大值为1000，优先级越高的约束越先被满足）。

● V: [redBox][yellowBox(==redBox)]

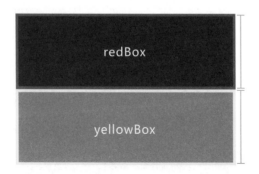

竖直布局，上面是一个redBox，其下方紧接着一个高度等于redBox高度的yellowBox。

● H: |-[Find]-[FindNext]-[FindField(>=20)]-|

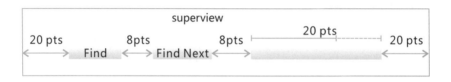

水平布局，Find距离父view左边缘默认间隔宽度，之后是FindNext距离Find间隔默认宽度；再之后是宽度不小于20的FindField，它和FindNext以及父view右边缘的间距都是默认宽度。（竖线 '|'

表示superview的边缘）。

在使用布局的时候很容易出现以下问题：

（1）Ambiguous Layout（布局不能确定）——布局不能确定指的是给出的约束条件无法唯一确定一种布局，也即约束条件不足，无法得到唯一的布局结果。这种情况一般添加一些必要的约束或者调整优先级可以解决。该错误可以被程序容忍并且选择一种可行布局呈现在UI上。

（2）Unsatisfiable Constraints（无法满足约束）——无法满足约束的问题来源是有约束条件互相冲突，因此无法同时满足，需要删掉一些约束。该错误会得不到UI布局并且报错。

16.4.3 添加约束条件

在创建约束之后，需要将其添加到作用的view上，可以使用如下的方法：

-(void)addConstraint:(NSLayoutConstraint *)constraint;

或者通过数组的方式：

-(void)addConstraints:(NSArray *)constraints;

既然有添加约束，当然少不了删除约束，可以使用如下方法：

-(void)removeConstraint:(NSLayoutConstraint *)constraint;

-(void)removeConstraints:(NSArray *)constraints;

我们还通过如下的方法得到某个view上的所有约束：

-(NSArray *)constraints

在添加约束时需要遵循以下的几点规则：

（1）对于两个同层级view之间的约束关系，添加到它们的父view上。

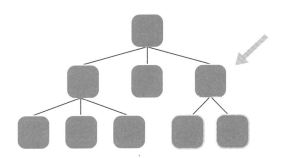

（2）对于两个不同层级view之间的约束关系，添加到它们最近的共同父view上。

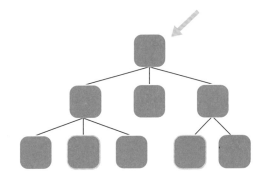

（3）对于有层次关系的两个view之间的约束关系，添加到层次较高的父view上。

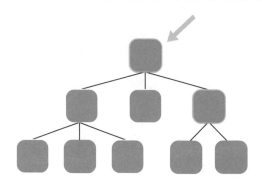

可以通过-(void)setNeedsUpdateConstraints和-(void)layoutIfNeeded两个方法来刷新约束的改变，使UIView重新布局。另外需要注意的一点是，如果你是通过代码生成view的话，就需要添加下面这行代码：

[myView setTranslatesAutoresizingMaskIntoConstraints:NO];

你需要关闭该view的translatesAutoresizingMaskIntoConstraints属性，如果是通过IB建立的，它已经自动帮你关闭了。

下面的代码通过约束创建了两个view：

```
UIView *myView = [[UIView alloc] init];
myView.backgroundColor = [UIColor greenColor];
UIView *view1 = [[UIView alloc] init];
view1.backgroundColor = [UIColor redColor];
UIView * view2 = [[UIView alloc] init];
view2.backgroundColor = [UIColor blueColor];
[myView addSubview:view1];
[myView addSubview:view2];
[myView setTranslatesAutoresizingMaskIntoConstraints:NO];
[view1 setTranslatesAutoresizingMaskIntoConstraints:NO];
[view2 setTranslatesAutoresizingMaskIntoConstraints:NO];
NSMutableArray *tmpConstraints = [NSMutableArray array];
[tmpConstraints addObjectsFromArray:[NSLayoutConstraint constraintsWithVisualFormat:
@"V:|-30-[view1(100)]-30-[view2(100)]"
  options:0 metrics:nil views:NSDictionaryOfVariableBindings(view1,view2)]];
  [tmpConstraints  addObjectsFromArray:[NSLayoutConstraint
constraintsWithVisualFormat:@"H:|-30-[view1(100)]-30-[view2(100)]"  options:0
metrics:nilviews:NSDictionaryOfVariableBindings(view1,view2)]];
  [myView addConstraints:tmpConstraints];
  self.view = myView;
```

小结：

　　本章介绍了MVC设计模式，以及其中重要的组成部分——控制器。MVC设计模式：使用数据-视图-控制器的设计模式；视图控制器可以使用xib初始化，但是对于层次复杂的界面，一般使用代码实现；自定义视图控制器的方法是继承后在viewDidLoad方法中添加自定义的功能；界面切换的一般方法是推送，每个视图控制器都能返回推送到它的控制器；导航控制器实现了不同界面间的往返，内存管理遵循"后进先出"的原则；标签控制器提供了多个并列视图间的平行切换，所有添加的控制器均不释放。

UIView动画以及触摸手势

17.1 UIView动画简述

　　动画为用户界面在不同状态之间的迁移过程提供流畅的视觉效果，动画被广泛用于视图的位置调整、尺寸变化，以及alpha值的变化（以实现淡入淡出的效果）。动画支持对于制作易于使用的应用程序是至关重要的，因此，UIKit直接将它集成到UIView类中，以简化动画的创建过程。执行动画所需要的工作由UIView类自动完成，我们只需要在执行动画时通知视图。

　　UIView类定义了几个内在支持动画的属性声明，当这些属性发生改变时，视图为其变化过程提供内建的动画支持：

- ●frame——视图的边框矩形，位于父视图的坐标系中。
- ●bounds——视图的边界矩形，位于视图的坐标系中。
- ●center——边框的中心，位于父视图的坐标系中。
- ●transform——视图上的转换矩阵，相对于视图边界的中心。
- ●alpha——视图的alpha值，用于确定视图的透明度。

17.2 建立UIView动画

　　UIView动画作为一个完整的事务一次性运行，它不会阻塞主线程，它是在独立的线程中执行的。正在执行动画的视图是无法进行交互的，如果想要用户可以和视图交互，可以改变UIViewAnimation-OptionAllowUserInteraction 的值。动画块从调用UIView的beginAnimations:context:类方法开始，然后调用commitAnimations类方法作为提交标志，把这两个类方法发送给UIView而不是发给单独的视图。在这两个调用之间，您可以配置动画的参数和希望执行的动画属性值。一旦调用commitAnimations方法，UIKit就会开始执行动画，把给定属性从当前值到新值的变化过程用动画表现出来。动画块可以被嵌套，但是在最外层的动画块提交之前，被嵌套的动画不会被执行。

　　我们可以调用下面这些UIView的类方法来配置动画参数：

　　●setAnimatioStartDate:——设置动画在commitAnimations方法返回之后的发生日期。缺省行为是使动画立即在动画线程中执行。

　　●setAnimationDuration:——设置动画持续的秒数。

●setAnimationCurve:——设置动画过程的相对速度，比如动画可能在启动阶段逐渐加速，而在结束阶段逐渐减速，或者整个过程都保持相同的速度。共有四个可选值：

UIViewAnimationCurveEaseInOut，UIViewAnimationCurveEaseIn，

UIViewAnimationCurveEaseOut，UIViewAnimationCurveLinear。

●setAnimationRepeaCount: — 设置动画的重复次数。

●setAimationRepeatAutoreverses: — 指定动画在到达目标值时是否自动反向执行动画。

CGContextRef context = UIGraphicsGetCurrentContext();

[UIView beginAnimations:nil context:context];

[UIView setAnimationCurve:UIViewAnimationCurveEaseInOut];

[UIView setAnimationDuration:2.0];

[myView setAlpha:0.0f];

[UIView commitAnimations];

上面这一小段代码通过设置动画曲线和动画时长演示了一段UIView动画。这段动画显示的是透明度的变化过程，内容视图的alpha值在2秒之内逐渐变为0。调用UIGraphicsGetCurrentContext()会返回当前视图堆栈顶部的图形上下文，图形上下文在抽象的绘图调用和屏幕（或图像）实际的像素之间建立一种虚拟的连接，传递一个nil给这个函数，也不会产生错误的结果。

UIKit在一个独立的和应用程序的主事件循环分离的线程中执行动画。commitAniamtions方法将动画发送到该线程，然后动画就进入线程中的队列，直到被执行。缺省情况下，只有在当前正在运行的动画块执行完成后，Core Animation才会启动队列中的动画。但是，你可以通过向动画块中的setAnimationBeginsFromCurrentState:类方法传入YES来重载这个行为，使动画立即启动，这样做会停止当前正在执行的动画，从而使新动画在当前状态下开始执行。

缺省情况下，所有支持动画的属性在动画块中发生的变化都会形成动画，如果你希望让动画块中发生的某些变化不产生动画效果，可以通过setAnimationsEnabled:方法来暂时禁止动画，在完成修改后再重新激活动画。在调用setAnimationsEnable:方法并传入NO值之后，所有的改变都不会产生动画效果，直到用YES值再次调用这个方法或者提交整个动画块时，动画才会恢复。你可以用areAnimationsEnable方法来确定当前是否激活动画。

17.3 动画回调

视图动画可通知其委托：当前状态的改变，即动画已经开始或结束。当需要捕获动画结束事件并开始序列中下一段动画时这个功能非常有用。若要设置委托，可使用setAnimationDelegate:，例如：

[UIView setAnimationDelegate:self];

默认情况下动画结束后会触发下面的方法：

-(void)animationDidStop:(NSString*)animationIDfinished:(NSNumber*)finished context:(void *)context;

动画开始时会触发下面的方法：

-(void)animationWillStart:(NSString *)animationID context:(void *)context;

该方法的第一个和第三个参数是建立动画块时提供的值，例如：[UIView beginAnimations:@"动画回调" context:@"myContext"]，这里对应的值为："动画回调"，"myContext"。

若要手动设置动画回调，就要提供要发送给委托的选择器：

```
[UIView setAnimationDidStopSelector: @selector(myAnimationDidStop)]
[UIView setAnimationWillStartSelector: @selector(myAnimationDidStart)]
```

在动画过程中，可以通过一定的方法，让动画在运行中停止，这样动画也算是结束，同时也会调用这个回调方法，但是为了区分是正常结束还是非正常结束，就需要判断finished这个参数的值，当值为1时表明动画正常结束，为0时表明动画非正常结束。

17.4 过渡动画

UIView动画可调用系统提供的视图翻转效果，目前共有4个可用值：

● UIViewAnimationTransitionFlipFromLeft——从左往右翻转
● UIViewAnimationTransitionFlipFromRight——从右往左翻转
● UIViewAnimationTransitionCurlUp——向上翻页
● UIViewAnimationTransitionCurlDown——往下翻页

首先，把过渡动画块的参数添加进去，使用setAnimationTransition:forview:cache指定该闭合的UIView动画块进行过渡效果。然后，在动画块内重新排列视图的顺序。这步操作最好用exchangeSubviewAtIndex:withSubviewAtIndex:实现。

下面的代码演示了一个简单的视图翻转：

```
[UIView beginAnimations:nil context:nil];
[UIView setAnimationTransition:UIViewAnimationTransitionFlipFromLeft forView:[self superview] cache:YES];
//cache参数一般设为YES，将使用图像缓存，提高图像渲染效率。
[UIView setAnimationCurve:UIViewAnimationCurveEaswInOut];
[UIView setAnimationDuration:1.0];
[[self superview] exchangeSubviewAtIndex:0 withSubviewAtIndex:1];
[UIView commitAnimations];
```

17.5 动画Blocks的使用

Block是iOS4.0以后添加的新特性支持，使用Block最大的便利就是简化回调过程。UIView新增了对Block的支持，现在只要简单的一个Block代码就能替代前章节使用的动画代码，让代码看上去更加简洁优美。下面演示一段使用Block编写的动画代码：

```
[UIView animateWithDuration:0.3 delay:0 options:UIViewAnimationOptionCurveEaseInOut animations:{
    myView.alpha=0.0f;//在此处加入需要实现的动画代码
}completion:^(BOOL finished){
    NSLog(@"动画结束");//此处为动画结束后的回调
}];
```

这只是众多Block方法中最常用的一个，还有很多其他的方法可选择使用，你可以自己去尝试使用一下。

17.6 图像视图动画

UIImageView类除了显示静态的照片外，还支持内置的动画。将一组图像加载完毕后，可以让UIImageView实例以动画的方式显示这些动画。下面用代码演示具体的使用方法：

```
NSMutableArray *bflies = [NSMutableArray array];
for (int i = 1; i <= 17; i++)
    [bflies addObject:[UIImage imageNamed:[NSString stringWithFormat:@"bf_%d",i]]];
UIImageView *butterflyView = [[UIImageView alloc]    initWithFrame:CGRectMake(40.0f,
300.0f, 60.0f, 60.0f)];
butterflyView.tag = 300;
butterflyView.animationImages = bflies;
butterflyView.animationDuration = 0.75f;
[self.view addSubview:butterflyView];
[butterflyView startAnimating];
[butterflyView release];
```

首先建立一个由单个图片组成的数组，并将这个数组指派给UIImageView实例的animationImages属性。然后将animationDuration属性设置为显示数组内全部图像所需的循环时间，最后发出startAnimating消息开始运行动画。当需要停止的时候，调用stopAnimating方法。把显示动画用的图像视图添加到界面内，你就可以把它放在一个专门位置，或者按照其他UIView实例运行动画的方式运行这个动画。

17.7 触摸事件

触摸是iPhone设备的交互核心，它负责用户与应用程序的交互。iPhone屏幕支持多点触摸，这就为多手势提供了基础，以下将介绍触摸的工作机制以及Cocoa Touch内置的手势使用。

所有视图类都可以对触摸作出响应，触摸事件从视图最外层往下传递，直到某个视图接受并处理该事件。触摸事件将会触发如下四个回调方法：

●touchesBegan:withEvent://用户开始触摸屏幕时。

●touchesMoved:withEvent://用户在屏幕上移动手指时。

●touchesEnded:withEvent://用户手指离开屏幕时。

●touchesCancelled:withEvent://触摸事件意外中断时（如程序退出）。

所有视图都继承了上述的四个方法，你可以在任何视图类中重写这些方法，达到你想要的行为。如果想要让视图支持多点触摸，需要将视图的multipleTouchEnabled属性设为YES。

```
-(void) touchesBegan:(NSSet *)touches withEvent:(UIEvent *)event{
    UITouch * touch=[touches anyObject];
    curPoint=[touch locationInView:_myView];
    NSLog(@"%f--%f",curPoint.x,curPoint.y);
}
```

通过上述的方法可以得到当前在_myView视图上的触摸点坐标。

17.8 手势

在iPhone或iPad的开发中，除了用touchesBegan、touchesMoved、touchesEnded这组方法来监听使用者的手指触摸外，也可以用UIGestureRecognizer的衍生类别来进行判断，用UIGesture-Recognizer的好处在于它是一个现成的手势识别类，我们无需再通过计算手指移动来判断用户的动作行为。UIGestureRecognizer的衍生类有以下几个：

UITapGestureRecognizer——点击手势。

UIPinchGestureRecognizer——两个手指往内或往外波动手势。

UIRotationGestureRecognizer——旋转手势。

UISwipeGestureRecognizer——滑动、快速移动手势。

UIPanGestureRecognizer——拖动、慢速移动手势。

UILongPressGestureRecognizer——长按手势。

这些手势类在使用的时候很简单，只要在你使用前定义这些手势并添加到对应的视图上即可。每个手势类都有不同的属性可以使用，例如SwipeGesture可以指定方向，而TapGesture可以指定次数。

下面是UISwipeGestureRecognizer手势的代码实例：

UISwipeGestureRecognizer * recognizer =
[[UISwipeGestureRecognizeralloc]initWithTarget:self action:@selector(handleSwipeFrom:)];
recognizer.direction = UISwipeGestureRecognizerDirectionUp;//方向
[view1 addGestureRecognizer:recognizer];
[recognizer release];
-(void)handleSwipeFrom:(UISwipeGestureRecognizer *)recognizer{
    view1.transform=CGAffineTransformTranslate(view1.transform, 30, 30);
    [view1 removeGestureRecognizer:recognizer];//该方法可以删除手势
}

下面是UITapGestureRecognizer手势的代码实例：

UITapGestureRecognizer *oneFingerTwoTaps =
[[UITapGestureRecognizeralloc]initWithTarget:selfaction:@selector(handleSingleTapFrom)];
[oneFingerTwoTaps setNumberOfTapsRequired:2];//点击的次数
[oneFingerTwoTaps setNumberOfTouchesRequired:1];//手指的数量
[view1 addGestureRecognizer:oneFingerTwoTaps];
[recognizer release];
-(void)handleSingleTapFrom{
    view1.transform=CGAffineTransformTranslate(view1.transform, -30, -30);
}

下面是UIRotationGestureRecognizer手势的代码实例：

UIRotationGestureRecognizer * twoFingersRotate = [[UIRotationGestureRecognizer alloc]
initWithTarget:self action:@selector(twoFingersRotate:)];
[view1 addGestureRecognizer:twoFingersRotate];
-(void)twoFingersRotate:(UIRotationGestureRecognizer *) recognizer

```
    {
            float rotation = self.recordedRotation-recognizer.rotation; //recordedRotation自
己定义的double类型变量
        view1.transform = CGAffineTransformMakeRotation(-rotation);
        if (recognizer.state == UIGestureRecognizerStateEnded) {
            self.recordedRotation = rotation; //获取了当前旋转的弧度值
        }
    }
```

下面是UIPinchGestureRecognizer手势的代码实例：

```
UIPinchGestureRecognizer * twoFingerPinch =
[[UIPinchGestureRecognizer alloc] initWithTarget:selfaction:@selector(twoFingerPinch:)];
[self.view addGestureRecognizer:twoFingerPinch];
-(void)twoFingerPinch:(UIPinchGestureRecognizer *) recognizer
{
    if(recognizer.state == UIGestureRecognizerStateEnded) {
        self.lastScale = 1.0;
        return;
    }
    CGFloat scale = 1.0 - (self.lastScale - recognizer.scale);
    CGAffineTransform currentTransform = view1.transform;
    CGAffineTransform newTransform =
    CGAffineTransformScale(currentTransform, scale, scale);
    [view1 setTransform:newTransform];
    self.lastScale = recognizer.scale;
}
```

下面是UIPanGestureRecognizer手势的代码实例：

```
UIPanGestureRecognizer*panGesture=[[UIPanGestureRecognizer alloc]initWithTarget:self
action:@selector(panPiece:)];
[panGesture setMaximumNumberOfTouches:1];//最大手指数量
[view1 addGestureRecognizer:panGesture];
-(void)panPiece:(UIPanGestureRecognizer *) recognizer{
        if(recognizer.state==UIGestureRecognizerStateBegan||recognizer.state    ==
UIGestureRecognizerStateChanged) {
        CGPoint   translation=[recognizer   translationInView:  view1.superview];[view1
setCenter:CGPointMake(view1.center.x +  translation.x,view1.center.y + translation.y)];
        [recognizer setTranslation:CGPointZero inView:view1.superview];
    }
}
```

下面是UILongPressGestureRecognizer手势的代码实例：

UILongPressGestureRecognizer * longPress =
[[UILongPressGestureRecognizer alloc]initWithTarget:self
action:@selector(longPressGesture:)];

longPress.numberOfTapsRequired=0;//点击的次数

longPress.numberOfTouchesRequired=1;//手指数量

longPress.minimumPressDuration=2;//长按时间

longPress.allowableMovement=20;//允许在长按时的触摸点偏移像素

[view1 addGestureRecognizer:longPress];

-(void)longPressGesture:(UILongPressGestureRecognizer *)recognizer{
    view1.transform=CGAffineTransformMakeScale(2.0, 2.0);
}

当一个UIView同时添加了两个相关联的手势时，就会出现问题，比如同时添加了UIPanGestureRecognizer和UISwipeGestureRecognizer，只要手指头一移动就会触发Pan然后结束，因而永远都不会触发Swipe。当然，这个问题肯定是有办法解决的。UIGestureRecognizer有个方法叫做requireGestureRecognizerToFail，它可以指定某一个recognizer，当它已经满足了一个条件后，不会立即触发，它会等到该指定的recognizer确定其他手势判断失败后才触发。

下面是同时支持单击和双击的手势代码实例：

-(void)viewDidLoad{

UITapGestureRecognizer * singleRecognizer;singleRecognizer=[[UITapGestureRecognizer
alloc] initWithTarget:self action:@selector(handleSingleTapFrom)];

singleTapRecognizer.numberOfTapsRequired=1;//单击

[self.view addGestureRecognizer:singleRecognizer];

UITapGestureRecognizer * singleRecognizer;singleRecognizer=[[UITapGestureRecognizer
alloc] initWithTarget:self action:@selector(handleSingleTapFrom)];

singleTapRecognizer.numberOfTapsRequired=2;//双击

[self.view addGestureRecognizer:singleRecognizer];

[singleRecognizer requireGestureRecognizerToFail: doubleRecognizer];//此行为关键代码
    [singleRecognizer release];
    [doubleRecognizer release];

小结：

    本章我们学习了UIView动画的使用，以及手势的使用。UIView动画是我们日常开发中使用最频繁的动画类型，因为它使用起来非常简单，无需考虑太多的细节问题，它几乎可以满足绝大多数的动画需求。简单的动画使用可以使应用看起来生动有趣，过度地使用动画会让用户看得眼花缭乱，所以在使用动画的时候要把握好这个度。

    手势的操作使用在目前很火爆，有几款全部使用手势来进行用户交互的应用受到很多用户喜爱。手势与动画的结合使用将使你的应用看起来与众不同，所以，如果你想做一个大家都喜欢的应用，应尽量从用户体验的角度去考虑。

滚动视图的使用

18.1 UIScrollView滚动视图

UIScrollView是一个很重要的视图，它的用处十分广泛，它可以将超出你的视图范围的内容以滚动的方式进行显示。它整合了滚动、放大和缩小的手势，UITableView以及UITextView等都是继承于UIScrollView。

18.1.1 UIScrollView的工作机制

在滚动过程当中，其实是在修改原点坐标。当手指触摸后，scrollview会暂时拦截触摸事件，并使用一个计时器。假如在计时器到点后没有发生手指移动事件，那么scrollView发送tracking events到被点击的subview。假如在计时器到点前发生了移动事件，那么scrollView取消tracking自己发生滚动。

UIScrollView自身不响应touchesBegan:withEvent:方法，为了处理响应touch事件，我们可以子类化UIScrollView，然后重写touchesBegan: withEvent:方法。

18.1.2 UIScrollView的常用属性

●contentOffset——当前滚动视图内容左上角的坐标（相对于UIScrollView）。
●contentSize——里面内容的大小，也就是可以滚动的大小，默认是0，没有滚动效果。
●indicatorStyle——滚动条的样式，基本只是设置颜色。总共3个颜色：默认、黑、白。
●scrollIndicatorInsets——设置滚动条的位置。
●showsHorizontalScrollIndicator——滚动时是否显示水平滚动条。
●showsVerticalScrollIndicator——滚动时是否显示垂直滚动条。
●pagingEnabled——当值是YES时，会自动滚动到subview的边界，默认是NO。要确保加载的subview在水平方向上与滚动视图框架的宽度精确匹配，而在垂直方向上与其高度精确匹配。
●scrollEnabled——决定是否可以滚动。
●tracking——当touch后还没有拖动的时候，值是YES，否则为NO。
●directionalLockEnabled——默认是NO，可以在垂直和水平方向同时运动。当值是YES时，假如一开始是垂直或者是水平运动，那么接下来会锁定另外一个方向的滚动。假如一开始是对角方向滚动，则不会禁止某个方向。

●bounces——默认是YES，就是滚动超过边界时会有反弹回来的效果。假如是NO，那么滚动到达边界时会立刻停止。

●bouncesZoom——和bounces类似，区别在于：这个效果反映在缩放上面，假如缩放超过最大缩放，那么会有反弹效果；假如是NO，则到达最大或者最小的时候，会立即停止。

●zooming——当正在缩放的时候值，是YES，否则为NO。

●zoomBouncing——当内容放大到最大或者最小的时候值，是YES，否则为NO。

●decelerating——当滚动后，手指放开但是还在继续滚动中，这个时候是YES，其他时候是NO。

●decelerationRate——设置手指放开后的减速率。

●maximumZoomScale——一个浮点数，表示能放到最大的倍数。

●minimumZoomScale——一个浮点数，表示能缩到最小的倍数。

●delaysContentTouches——是个布尔值，当值是YES的时候，用户触碰开始，scrollview要延迟一会，看看是否用户有意图滚动。假如滚动了，那么捕捉touch-down事件，否则就不捕捉。假如值是NO，当用户触碰时，scrollView会立即触发touchesShouldBegin:withEvent:inContentView:，默认值是YES。

●canCancelContentTouches——当值是YES的时候，用户触碰后，然后在一定时间内没有移动，scrollView发送tracking events，然后用户移动手指足够长度触发滚动事件，这个时候，scrollView发送了touchesCancelled:withEvent:到subview，然后scrouView开始滚动。假如值是NO，scrollView发送tracking events后，就算用户移动手指，scrollView也不会滚动。

18.1.3 UIScrollView的实际使用

```
- (void)viewDidLoad
{
    [super viewDidLoad];
    self.navigationItem.rightBarButtonItem=[[UIBarButtonItem alloc]initWithTitle:@"开始" style:UIBarButtonItemStylePlain target:self action:@selector(rightActionMethod)];
    self.navigationItem.leftBarButtonItem=[[UIBarButtonItem alloc]initWithTitle:@"复原" style:UIBarButtonItemStylePlain target:self action:@selector(leftActionMethod)];
    myScrollView =[[UIScrollView alloc] initWithFrame:CGRectMake(0,0,768,1004)];
    myScrollView.contentSize=CGSizeMake(768*2,1004*2);
    myScrollView.backgroundColor=[UIColor orangeColor];
    myScrollView.pagingEnabled=YES;

    view1=[[UIView alloc]initWithFrame:CGRectMake(0,0,768,1004)];
    view1.backgroundColor=[UIColor blueColor];
    [myScrollView addSubview:view1];

    view2 =[[UIView alloc]initWithFrame:CGRectMake(768,0,768,1004)];
    view2.backgroundColor=[UIColor yellowColor];
    [myScrollView addSubview:view2];
```

```objc
    [self.view addSubview:myScrollView];
    myScrollView.maximumZoomScale=2.0;//最大放大倍率2
    myScrollView.minimumZoomScale=0.5;//最小缩小倍率0.5
    myScrollView.delegate=self;
}

-(void) rightActionMethod{
    [myScrollView setContentOffset:CGPointMake(100, 0) animated:YES];
}

-(void) leftActionMethod{
    myScrollView.zoomScale=1.0;
    myScrollView.contentSize=CGSizeMake(768*2, 1004*2);
}


#pragma mark UIScrollViewDelegate
//只要滚动了就会触发
- (void)scrollViewDidScroll:(UIScrollView *)scrollView
{
    //NSLog(@"scrollViewDidScroll");
    //NSLog(@"ContentOffset x is %f,y is %f",scrollView.contentOffset.x,scrollView.contentOffset.y);
}
//开始拖拽视图
- (void)scrollViewWillBeginDragging:(UIScrollView *)scrollView
{
    NSLog(@"scrollViewWillBeginDragging");
}
//完成拖拽
- (void)scrollViewDidEndDragging:(UIScrollView *)scrollView
willDecelerate:(BOOL)decelerate
{
    NSLog(@"scrollViewDidEndDragging");
}
//将开始降速时
- (void)scrollViewWillBeginDecelerating:(UIScrollView *) scrollView
{
    NSLog(@"scrollViewWillBeginDecelerating");
}
//减速停止时执行
-(void)scrollViewDidEndDecelerating:(UIScrollView*) scrollView
{
```

```objc
    NSLog(@"scrollViewDidEndDecelerating");
}
//滚动动画停止时执行,使用setContentOffset:改变的滚动,如果没有动画则不执行
-(void)scrollViewDidEndScrollingAnimation:(UIScrollView*) scrollView
{
    NSLog(@"scrollViewDidEndScrollingAnimation");
}
//设置放大缩小的视图，必须是UIScrollview的subview
-(UIView *)viewForZoomingInScrollView:(UIScrollView*) scrollView;
{
    NSLog(@"viewForZoomingInScrollView");
    return view1;
}
//任何视图的放大或缩小时调用
-(void)scrollViewDidZoom:(UIScrollView*)scrollView{
    NSLog(@"scrollViewDidZoom");
//  NSLog(@"%f",scrollview.contentSize.width);
}
//完成放大缩小时调用
-(void)scrollViewDidEndZooming:(UIScrollView*)scrollView   withView:(UIView*)view
atScale:(float)scale
{
    NSLog(@"scrollViewDidEndZooming");
}
//通过点击顶部状态栏，scrollView会一直滚动到顶部，这是默认行为，你可以通过该方法返回
NO，来关闭它
-(BOOL)scrollViewShouldScrollToTop:(UIScrollView*) scrollView
{
    NSLog(@"scrollViewShouldScrollToTop");
    return YES;
}

-(void)scrollViewDidScrollToTop:(UIScrollView*)scrollView
{
    NSLog(@"scrollViewDidScrollToTop");
}
```

18.2 UIPageControl页面指示器控件

UIPageControl类提供一行点来指示当前显示的是多页视图的哪一页,遗憾的是,UIPageControl类并不能真正满足我们的期望,用户很难点击到,通常会给用户带来许多烦恼。因此,在使用它时,要确保添加了可选择的导航选项,它的作用更应该是一个指示器,而不是一个适合点击的控件。

当用户点击指示器的左边或右边,会触发UIControlEventValueChanged事件。你可以通过调用currentPage查询它的新值,并通过调整numberOfPages属性,设置可用的页面数。

下面的代码使用一个UIScrollView控件显示3个图像页面,用户可通过滑动操作滚动图片,而页面指示器也会随着更新,以指示当前显示的页面。类似的,用户可以点击页面控件,滚动条会将选定页面以动画形式定格到位。这种双向关系的构建方式是:向页面控件添加一个目标动作回调并向滚动条添加一个委托回调,每个回调更新另一个对象,从而在两者之间实现一种紧耦合。

```
- (void) pageTurn: (UIPageControl *) aPageControl
{
    int whichPage = aPageControl.currentPage;
    [UIView beginAnimations:nil context:NULL];
    [UIView setAnimationDuration:0.3f];
    [UIView setAnimationCurve:UIViewAnimationCurveEaseInOut];
    sv.contentOffset = CGPointMake(768.0f * whichPage, 0.0f);
    [UIView commitAnimations];
}


- (void) scrollViewDidScroll: (UIScrollView *) aScrollView
{
    CGPoint offset = aScrollView.contentOffset;
    pageControl.currentPage = offset.x / 768.0f;
}


- (void) viewDidLoad
{
    self.title = @"ImagePageControl";
    sv = [[UIScrollView alloc] initWithFrame:CGRectMake(0.0f,
 0.0f,768.0f, 1004)];
    sv.contentSize = CGSizeMake(3 * 768.0f,1004);
    sv.pagingEnabled = YES;
    sv.delegate = self;

// Load in all the pages
    for(inti=0;i<3;i++)
{
    UILabel * iv = [[UILabel alloc] initWithFrame:CGRectMake(0,0,768,1004)];
    iv.backgroundColor= [UIColor redColor];
```

```
[iv setFont:[UIFont systemFontOfSize:30]];
iv.frame = CGRectMake(i * 768.0f, 0.0f, 768.0f, 1004);
iv.text=[NSString stringWithFormat:@"%d", i];
iv.textAlignment=NSTextAlignmentCenter;
[sv addSubview:iv];
}
[self.view addSubview:sv];
pageControl=[[UIPageControl alloc] initWithFrame:CGRectMake(0, 910, 768, 50)];
pageControl.numberOfPages = 3;
pageControl.backgroundColor=[UIColor blackColor];
pageControl.currentPage = 0;
[pageControl addTarget:self action:@selector(pageTurn:) for
Control Events: UIControlEventValueChanged];
[self.view addSubview:pageControl];
```

18.3 构建UIPickerView多轮表格

有时候，我们希望用户从很长的列表中进行选择，或者一次从几个列表中进行挑选，这就是UIPickerView实例发挥作用的地方。UIPickerView对象生成的表格可以提供滚动的"轮子"，用户可以与一个或多个轮子进行交互选择，如下图所示：

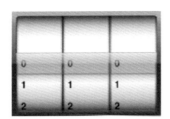

这些表格表面上类似于标准的UITableView实例，但是它们使用的数据和委托协议截然不同。选取器视图的高度是静态的，纵向选取器的大小是320*216像素，横向选取器是480*162像素。当然你也可以重置它的frame以便适应你自己的需要，可以通过如下代码重置它的frame：

apickerView=[[UIPickerView alloc]initWithFrame:CGRectZero];

apickerView.frame = CGRectMake(0, 322, 320 ,162);//162为最小的高度，小于162将会默认使用162，宽度无限制。

18.3.1 创建UIPickerView

创建选取器视图时，记住两个关键点：第一，你需要启用选择指示器。这是一个蓝色的条，悬浮在选定项的上方，也就是要将showsSelectionIndicator设为YES。第二，不要忘记指定委托和数据源。没有它们的支持，你无法向视图添加数据，无法定义功能，也无法响应选择更改。你的主要视图控制器应该实现UIPickerViewDelegate和UIPickerViewDataSource协议。

想要让UIPickerView正常运行，至少需要实现下面的前三个数据源方法：

●numberOfComponentsInPickerView:——返回一个整数，表示列数。

●pickerView:numberOfRowsInComponent:——返回一个整数，表示每个轮最大的行数，这些数字不需要相同，有些轮可以有很多行，而另一些轮的行可以很少。

●pickerView:titleForRow:forComponent——此方法指定用于标记给定组件上某行的文本，返回NSString。

●pickerView:widthForComponent:——此方法返回每一列的宽度。

●pickerView:rowHeightForComponent:——此方法返回每一行的高度。

●pickerView:didSelectRow:inComponent——任何轮停止滚动并选中其中一条数据的时候将触发此方法。你可以在这个方法里通过pickerView实例的selectedRowInComponent:方法来获取到任何轮被选中的位置。

●reloadAllComponents——重新加载整个pickerView。

●reloadComponent:——重新加载单个组列。

●selectRow:inComponent:animated:——此方法可以让指定的组列滚动到指定的位置。

下面的代码创建了一个基本选取器：

```
-(NSInteger)numberOfComponentsInPickerView:(UIPickerView*) pickerView
{
    return 3;
}


- (NSInteger)pickerView:(UIPickerView *)pickerView
numberOfRowsInComponent:(NSInteger)component
{
    return 20;
}


- (NSString *)pickerView:(UIPickerView *)pickerView titleForRow:(NSInteger)row
forComponent:(NSInteger)component
{
    switch (component) {
        case 0:
            return [NSString stringWithFormat:@"A-%d",row];
            break;
        case 1:
            return [NSString stringWithFormat:@"B-%d",row];
            break;
        case 2:
            return [NSString stringWithFormat:@"C-%d",row];
            break;

        default:
            break;
```

```
        }
        return 0;
    }


    - (void)pickerView:(UIPickerView *)pickerView  didSelectRow:(NSInteger)row
inComponent:(NSInteger)component{
        self.title=[NSStringstringWithFormat:@"A%d-B%d-C%d",[apickerViewselected
RowInComponent:0],[apickerViewselectedRowInComponent:1],[apickerViewselectedRowInComponen
t:2]];
    }


    - (void) viewDidLoad
    {
        apickerView=[[UIPickerView alloc]initWithFrame:CGRectZero];
        apickerView.frame = CGRectMake(0, 322, 768 ,216);
        apickerView.delegate = self;
        apickerView.dataSource = self;
        apickerView.showsSelectionIndicator = YES;
        [self.view addSubview:apickerView];
    }
```

18.3.2 创建基于视图的选取器

选取器在使用视图方面与使用标题一样。

这些视图都可以通过pickerView:viewForRow:forComponent:reusingView:数据源方法返回。你可以使用自己喜欢的任何视图，包括标签、滑块、按钮等。选取器视图使用基本的视图重用模式，缓存提供给它的视图以备重用。如果此回调方法的最后一个参数不是nil，那么可以通过更新视图的设置或内容重用未处理该视图。

在实际使用中有时为了模拟头尾相接的效果，需要使用大量重复的元素来实现，下面的实例代码每个组件使用了100万的数据量，调用selectRow:inComponent:Animated:将选取器初始化为该数值的中间值。

```
    - (NSInteger)numberOfComponentsInPickerView:(UIPickerView *) pickerView
    {
        return 4;
    }


    - (NSInteger)pickerView:(UIPickerView *)pickerView
numberOfRowsInComponent:(NSInteger)component
    {
        return 1000000;
    }
```

```
    - (CGFloat)pickerView:(UIPickerView *)pickerView
rowHeightForComponent:(NSInteger)component
    {
        return 120.0f;
    }


    - (UIView *)pickerView:(UIPickerView *)pickerView viewForRow:(NSInteger)row
    forComponent:(NSInteger)component reusingView:(UIView *)view
    {
        UIImageView *imageView;
      imageView=view?(UIImageView*)view:[[UIImageViewalloc]initWithFrame:CGRectMake(0.0f,
0.0f, 60.0f, 60.0f)];
        NSArray *names=[NSArray arrayWithObjects:@"a.png",@"b.png",@"c.png",@"d.png",nil];
        imageView.image=[UIImage imageNamed:[names objectAtIndex:(row % 4)]];
        return imageView;
    }


    - (void) viewDidLoad
    {
        apickerView=[[UIPickerView alloc]initWithFrame:CGRectZero];
        apickerView.frame = CGRectMake(0, 322, 768 ,216);
        apickerView.delegate = self;
        apickerView.dataSource = self;
        apickerView.showsSelectionIndicator = YES;
        [self.view addSubview:apickerView];

        [apickerView selectRow:50000 + (random() % 4) inComponent:0 animated:YES];
        [apickerView selectRow:50000 + (random() % 4) inComponent:1 animated:YES];
        [apickerView selectRow:50000 + (random() % 4) inComponent:2 animated:YES];
        [apickerView selectRow:50000 + (random() % 4) inComponent:3 animated:YES];
    }
```

18.4 使用UIDatePicker时间选取器

如果你希望让用户输入日期信息，苹果公司提供了一些UIPickerView的子类来处理几种时间输入。下图为4个内置样式，这些样式包括选择时间、选择日期、选择两者的组合，以及倒数定时器。

日期选取器与UIPickerView的外观是一样的，只是针对日期选取器的操作要简单得多。你不需要设置委托或定义数据源方法，也不需要声明任何协议，只需要指定数据选取器模式，从UIDatePickerModeTime、 UIDatePickerModeData、 UIDatePickerModeDateAndTime和 UIDate-PickerModeCountDownTimer中选一个即可。

以下属性可供你在UIDatePicker类中使用：

●Date——设置date属性来初始化选取器，或者在用户操作滚轮时获取用户设置的信息。

●maximumDate和minimumDate——即运用这两个属性来设置日期和时间选择范围。应该为两者分别指定一个标准的NSDate。使用这两个属性，你可以将用户的选择限制在某段日期内。

●minuteInterval——有时候需要对选择使用5min、10min或者30min的间隔。使用该属性可以指定值，但无论传递的是什么数值，它都必须能够被60整除。

●countDownDuration——使用此属性设置倒数定时器的最大可用值，你最多可以设置23小时59分钟。

下面代码演示了如何创建这4种UIDatePicker：

```
- (void)viewDidLoad
{
    [super viewDidLoad];
    UISegmentedControl*aSegment=[[UISegmentedControl alloc]initWithItems:[@"Time Date DT Count"componentsSeparatedByString:@" "]];
    aSegment.segmentedControlStyle=UISegmentedControlStyleBar;
    aSegment.selectedSegmentIndex=0;
    [aSegment addTarget:self action:@selector(changePicker) forControlEvents:UIControlEventValueChanged];
    self.navigationItem.titleView=aSegment;
    datePicker = [[UIDatePicker alloc] init];
    datePicker.center=self.view.center;
    datePicker.datePickerMode = [(UISegmentedControl *)self.navigationItem.titleView
```

```
selectedSegmentIndex];
        [self.view addSubview:datePicker];
    }

    -(void) changePicker{
        datePicker.datePickerMode = [(UISegmentedControl *)
        self.navigationItem.titleView selectedSegmentIndex];
    }
```

小结：
　　通过本章的学习，我们学会了如何使用滚动视图来让有限的屏幕展示大尺寸的视图内容。UIScrollView使用起来会碰到很多触摸响应的问题，你可以通过重写触摸事件方法来避免这些问题。另外需要注意的是，当你在UIScrollView中放置了太多内容，比如你要做一个类似图片展示的功能，当你放置了太多的图片而超出了内存使用极限，这时你就需要考虑动态加载图片，将不在可视范围内的视图释放掉。
　　UIPickerView是最直观的选取控件，但是它的外观定制自由度不高，很多时候它会与你的UI产生不协调的问题，我们可以借助第三方的自定义选取视图来达到相同的功能。

创建和管理表格视图

　　表格提供了一个基于滚动列表的交互类，非常适合用于小型设备。iPhone和iPod touch许多自带的应用程序都以表格为中心，表格的使用无处不在，所以熟练掌握表格的使用是很重要的。在本章中，你将学习iPhone表格的工作原理，开发人员可以使用哪些表格，以及如何在自己的程序中使用表格功能。

19.1 UITableView和UITableViewController简介

　　标准的iPhone表格由一个简单的包含多个单元格的滚动列表构成，提供可操作的数据索引。用户可以上下滚动或轻击来查找希望与之交互的单元格，然后，它们可以独立于其他行来处理这些单元格。在iPhone或iPad上，表格无处不在，几乎所有标准的软件都会使用表格，表格也是许多第三方应用程序的核心。

　　大部分表格都是以UITableView类的形式实现，表格的样式有很多种，但是它们的工作原理都是一样的。它们包含一些由某一数据源提供的单元格，通过调用定义好的委托方法来响应用户交互。

　　UITableViewController类继承UIViewController类，与父类一样，它只需极少的编程就可以构建屏幕显示视图。UITableViewController类极大地简化了创建UITableView的过程，消除了直接处理表格实例所需的重复步骤。它可以便捷地创建表格，为委托和数据源添加本地tableView实例变量并自动提供表格协议的支持。

19.2 创建表格

　　要实现表格，必须定义3个关键元素：表格如何布局，用来填充表格的内容，以及表格如何与用户交互。你需要在构建视图时创建可视布局并且定义数据源，然后根据需要提供表格单元格内容，并实现委托方法响应用户交互。

1.视图布局

　　UITableView实例就是一个视图，它们在iPhone屏幕上显示交互表格。UITableView类继承自UIScrollView类，所以UITableView拥有了UIScrollView的一些特性。像其他视图一样，UITableView实例通过frame定义自己的边界，它们可以是其他视图的子类或父类。

　　UITableViewController负责处理布局。UITableViewController类创建一个标准的UIViewController并使用一个UITableView对它进行填充。可以通过tableView实例变量访问表格视图。

2.指定委托

像其他Cocoa Touch交互对象一样，UITableView实例使用委托响应用户交互，并实现有意义的响应。表格委托可以响应诸如表格滚动或行选择更改之类的事件。

如果直接处理UITableView，可以使用标准的setDelegate:方法设置表格委托。委托必须实现UITableViewDelegate协议。

处理UITableViewController类时，忽略setDelegate:方法和协议指定，该类会自动进行处理。完整的委托方法可参见苹果公司的SDK文档，本章只讨论最基本的委托方法。

3.指定数据源

UITableView实例依赖外部资源按需为表格单元格提供内容，这种外部资源称为数据源。数据源根据索引路径提供表格单元格。索引路径是NSIndexPath类的对象，包含它们的分段和行的信息。表格可以使用多个分段将数据分为几个逻辑组，UITableView实例使用索引路径指定分段及其中的行。

数据源负责联系路径和具体的UITableViewCell实例，并根据需要返回单元格。可以通过提供分段和行的方式创建索引路径：

myIndexPath=[NSIndexPath indexPathForRow:1 inSection:0];

可以使用索引路径对象的row和section属性恢复这些值。

要显示表格，每个表格数据源都必须实现3个核心方法，这些方法定义表格的结构，并为表格提供内容：

●numberOfSectionsInTableView ——表格可以以分段或者以单个列表的形式显示其数据。对于简单的表格，返回1，表示整个表格应该作为一个列表显示。在分段列表中，返回两个以上的值。

●tableView:numberOfRowsInSection——此方法返回每个分段的行数。处理简单列表时，返回整个表格的行数。对于复杂的列表，你需要提供一种方式为每个分段提供行数。分段序号从0开始。

●tableView:cellForRowAtIndexPath:——此方法返回调用表格的一个单元格。使用索引路径的row和section属性确定提供哪个单元格，并确保在可能时利用可重用的单元格，以最小化内存开销。

使用表格的dataSource属性为表格指定一个对象，作为其数据源。该对象必须实现UITableViewDataSource协议。拥有表格视图的UITableViewController类，无需添加协议。

指定数据源之后，通过实现tableView:cellForRowAtIndexPath:方法加载表格及其单元格。初始化表格时，表格自动查询其数据源，并将实际的屏幕单元格加载到你的表格中。之后可以随时调用reloadData，并通知表格重新加载内容。

19.3 重用单元格

UITableView为重用表格单元提供了一个内置机制，当单元格因滚动脱离表格可见区时，表格可以将其缓存到重用队列中。你可以标记这些单元格以备重用，然后根据需要从该队列中提取。这既可以节约内存，也可以更快、更便捷地提供单元格内容，特别是在用户快速滚动一个长列表时非常方便。一张表格中使用的单元格类型可能不止一个，下面的代码片段说明选择使用两种单元格中的哪一种来请求可重用的单元格队列：

```
UITableViewCell * cell;
UITableViewCellStyle style;
NSString * identifier;
    if(indexPath.row%2==0){
    style=UITableViewCellStyleSubtitle;
```

```
        identifier=@"cellA";//任意字符串
    else{
            style=UITableViewCellStyleDefault;
            identifier=@"cellB";
    }
    cell=[aTabelView dequeueReusableCellWithIdentifier:identifier];
    if(!cell)
    cell=[[UITableView alloc] initWithStyle:style reuseIdentifier:identifier]
autorelease];
```

19.4 字体表格实例

下面的代码演示了如何构建一个基于列表的简单表格。它创建一个表格，并使用iPhone上所有可用的字体填写该表格。用户轻击时，将调用tableView:didSelectRowAtIndexPath:委托方法，视图控制器将替换屏幕顶部导航栏的标签字体，并将一列该家族可用的字体输出到调试器控制台。

```
@interface TableListViewController : UITableViewController
@end

@implementation TableListViewController

- (NSInteger)numberOfSectionsInTableView:(UITableView *)aTableView
{
    return 1;
}


- (NSInteger)tableView:(UITableView *)aTableView
numberOfRowsInSection:(NSInteger)section
{
    return [UIFont familyNames].count;
}


- (UITableViewCell *)tableView:(UITableView *)tView
cellForRowAtIndexPath:(NSIndexPath *)indexPath
{
    UITableViewCellStyle style = UITableViewCellStyleDefault;
    UITableViewCell *cell = [tView dequeueReusableCellWithIdentifier:@"BaseCell"];
 if (!cell)
{
    cell = [[[UITableViewCell alloc] initWithStyle:style
reuseIdentifier:@"BaseCell"] autorelease];cell.textLabel.text = [[UIFont familyNames]
objectAtIndex:indexPath.row];
```

```
        return cell;
    }

    - (void)tableView:(UITableView *)tableView didSelectRowAtIndexPath:(NSIndexPath *)
    indexPath
    {
        NSString *font = [[UIFont familyNames] objectAtIndex:indexPath.row];
        [(UILabel *)self.navigationItem.titleView setText:font];
         [(UILabel   *)self.navigationItem.titleView   setFont:[UIFont   fontWithName:font
    size:18.0f]];
    }

    - (void) loadView
    {
        [super loadView];
        self.navigationItem.titleView = [[[UILabel alloc] initWithFrame:CGRectMake(0.0f,
    0.0f, 200.0f, 30.0f)] autorelease];
        [(UILabel *)self.navigationItem.titleView setBackgroundColor:[UIColor
    clearColor]];
        [(UILabel *)self.navigationItem.titleView setTextColor:[UIColor whiteColor]];
        [(UILabel *)self.navigationItem.titleView
    setTextAlignment:UITextAlignmentCenter];
    }
    @end
```

19.5 使用内置单元格类型

iPhone提供了4种基本的表格视图单元格，下图展示了一些基本的内置单元格类型样式：

这些单元格提供了textLable和detailTextLable属性，这些属性可以访问标签。以下是4种样式：

●UITableViewCellStyleDefault——该单元格提供了一个简单的左对齐文本标签和一个可选图像。使用图像时，将标签推到右边，减少了文本可用的空间量。可以访问和修改detailTextLable，但是它不在屏幕上显示。

●UITableViewCellStyleSubtitle——该单元格在iPod应用程序中使用，可以将标准的文本标签向上推一点。为了方便更小的详情标签挪出位置，这个详情标签以灰色显示，像默认的单元格一样，副标题单元格提供可选图像。

●UITableViewCellStyleValue1——此单元格样式常见于Settings应用程序，在单元格左边提供一个大型黑色主标签，在右边提供一个稍小的蓝色副标题详情标签。

●UITableViewCellStyleValue2——左边有一个小型蓝色主标签，右边是一个小型黑色副标题详情标签。主标签的宽度较窄，意味着大部分文本都会被省略号代替。此单元格不支持图像。

下面的代码片段展示了每种样式的使用：

```
- (UITableViewCell *)tableView:(UITableView *)tView cellForRowAtIndexPath:(NSIndexPath *)indexPath
{
    UITableViewCellStyle style;
    NSString *cellType;

    switch (indexPath.row % 4)
    {
        case 0:
            style = UITableViewCellStyleDefault;
            cellType = @"Default Style";
            break;
        case 1:
            style = UITableViewCellStyleSubtitle;
            cellType = @"Subtitle Style";
            break;
        case 2:
            style = UITableViewCellStyleValue1;
            cellType = @"Value1 Style";
            break;
        case 3:
            style = UITableViewCellStyleValue2;
            cellType = @"Value2 Style";
            break;
    }

    UITableViewCell *cell = [tView dequeueReusableCellWithIdentifier:cellType];
    if (!cell)
        cell = [[[UITableViewCell alloc] initWithStyle:style reuseIdentifier:cellType]
```

```
autorelease];

        if (indexPath.row > 3)
        cell.imageView.image = [UIImage imageNamed:@"a.png"];
        cell.textLabel.text = cellType;
        cell.detailTextLabel.text = @"Subtitle text";
        return cell;
    }
```

19.5.1 修改内置单元格

我们可以设置cell的backgroundView属性，来添加你需要的单元格背景视图，但是backgroundView会被cell上添加的其他标签视图覆盖用掉。为了让backgroundView显示出来，我们需要将添加到cell上的标签视图的背景色都设为[UIColor clearColor]。

```
- (UITableViewCell *)tableView:(UITableView *)tView
cellForRowAtIndexPath:(NSIndexPath *)indexPath
{
    UITableViewCellStyle style =  UITableViewCellStyleValue1;
    NSString * identifier= @"BaseCell";
    UITableViewCell *cell=[tView dequeueReusableCellWithIdentifier:identifier];
    if (!cell)
cell=[[[UITableViewCellalloc]initWithStyle:stylereuseIdentifier:identifier]autorelease];
    cell.textLabel.text = [[UIFont familyNames] objectAtIndex:indexPath.row];
    [cell.textLabel setBackgroundColor:[UIColor clearColor]];
    UIView * blackView=[[UIView alloc]initWithFrame:CGRectMake(0, 0, 768, 44)];
    blackView.backgroundColor=[UIColor redColor];
    cell.backgroundView=blackView;
    cell.backgroundColor=[UIColor blueColor];
    return cell;
}
```

我们还可以设置cell的contentView属性，以用来在cell上添加我们自己的view。

```
- (UITableViewCell *)tableView:(UITableView *)tView
cellForRowAtIndexPath:(NSIndexPath *)indexPath
{
    UITableViewCellStyle style =  UITableViewCellStyleValue1;
    NSString * identifier= @"BaseCell";
    UITableViewCell *cell = [tView dequeueReusableCellWithIdentifier:identifier];
    if (!cell)
        cell = [[[UITableViewCell alloc] initWithStyle:style reuseIdentifier:identifier]
autorelease];
```

```
    for (UIView * view in cell.contentView.subviews) {
        [view removeFromSuperview];
    }
    UILabel * aLable=[[UILabel alloc]initWithFrame:CGRectMake(0, 0, 768, 44)];
    aLable.text=[[UIFont familyNames] objectAtIndex:indexPath.row];
    [cell.contentView addSubview:aLable];
    [aLable release];
    return cell;
}
```

需要注意的一点是，我们必须要在cell重用的时候，将添加到contentView上的视图移除掉，否则会无限叠加。

如果将tableView实例的背景色设为[UIColor clearColor]，那么我们就可以透过tableView显示出下面的其他视图，通过这个特性，我们可以在tableView的下面放置一张图片，以制作表格图像后档板。

19.6 定制自己的单元格

除了使用系统提供的单元格类型外，我们还可以自定义单元格样式，在实际的应用中，为了达到更好的用户体验，我们通常使用自定义的单元格，在此处只介绍通过代码实现的自定义单元格。使用自定义单元格，需要继承UITableViewCell类，下面通过具体代码演示创建过程：

```
@interface SelectRecipientsCell : UITableViewCell{

}
@property(retain,nonatomic) UIImageView * avatarImageView;
@property(retain,nonatomic) UILabel * nameLabel;
@property(retain,nonatomic) UILabel * adressLabel;
@end

@implementation SelectRecipientsCell
@synthesize avatarImageView,nameLabel,adressLabel;

-(void)dealloc{
    [super dealloc];
}
- (id)initWithStyle:(UITableViewCellStyle)style reuseIdentifier: (NSString *)
reuseIdentifier
{
    self = [super initWithStyle:style reuseIdentifier: reuseIdentifier];
    if (self) {
        avatarImageView=[[UIImageView alloc]initWithFrame: CGRectMake(10, 1, 44, 44)];
        [self addSubview:avatarImageView];
        [avatarImageView release];
```

```
        nameLable=[[UILabel alloc]initWithFrame:CGRectMake(65,  13.5, 80, 17)];
        nameLable.backgroundColor=[UIColor clearColor];
        nameLable.font=[UIFont systemFontOfSize:14];
        [self addSubview:nameLable];
        [nameLable release];

        adressLable=[[UILabel alloc]initWithFrame:CGRectMake(160, 15.5, 320, 13)];
        adressLable.backgroundColor=[UIColor clearColor];
        adressLable.font=[UIFont systemFontOfSize:11];
        [self addSubview:adressLable];
        [adressLable release];
    }
    return self;
}


- (void)setSelected:(BOOL)selected animated:(BOOL)animated
{
    [super setSelected:selected animated:animated];
}
@end
```

//通过如下的方法加载自定义的cell:

```
-  (UITableViewCell  *)  tableView:(UITableView  *)tableView
cellForRowAtIndexPath:(NSIndexPath *)indexPath{
        UITableViewCellStyle style=UITableViewCellStyleDefault;SelectRecipientsCell  *
cell=(SelectRecipientsCell *)[tableView
    dequeueReusableCellWithIdentifier:@"BaseCell"];
        if (!cell) {
            cell=[[[SelectRecipientsCell alloc]initWithStyle:style
            reuseIdentifier:@"BaseCell"] autorelease];
        }
        cell.avatarImageView.image=[UIImage imageWithData:
        [[newArray objectAtIndex:indexPath.row] objectForKey: @"photoimage"] ];

    cell.nameLable.text=[[newArray objectAtIndex:indexPath.row] objectForKey:@"nametext"];
    cell.adressLable.text=[[newArray objectAtIndex: indexPath.row] objectForKey:@"citytext"];
        return cell;
}
```

19.7 修改单元格的选中样式

除了修改单元格的样式，我们还可以修改单元格的选中样式，通过修改cell的selectionStyle属性即可。系统默认有3种可选样式：UITableViewCellSelectionStyleBlue、UITableViewCellSelectionStyleGray、UITableViewCellSelectionStyleNone。除了使用这3个系统提供的样式外，还可以使用selectedBackgroundView属性，其提供选中时的背景图像，如下面代码片段所示：

```
cell.selectBackgroundView=[[[UIImageView alloc] initWithImage:
[UIImage imageNamed:@"cell.png"]] autorelease];
```

选择的背景出现在文本之后，让文本和背景可以完美地融合在一起。

19.8 记住定制单元格的控制状态

单元格没有"内存"而言，它们不知道上一次应用程序使用它们的方式，它们只是视图。这意味着，如果你在不使用某种数据模型的情况下重用单元格，那么得到的结果可能出乎你的意料，这是MVC设计模式本身的问题。假设你创建了一系列带有开关的单元格，用户可以与开关交互并更改它的值；如果重用队列中有一个滚出屏幕的单元格，那么重用的单元格的开关状态会直接传递给使用它的单元格。要修复此问题，就需要存储跟踪每个单元格的开关状态。

19.9 移除单元格选中时的高亮显示状态

有时候处理表格时，你希望用户能够与表格和触摸单元格交互，但是不希望在用户完成交互之后，这些单元格仍然保持选中状态。Cocoa Touch提供了两种方法来防止单元格被持久选中。

第一种方法是将单元格的selectionStyle属性设为UITableViewCellSelectionStyleNone，这样做可以禁用选定单元格上显示的蓝色或灰色覆盖图。单元格仍然被选中，但是不会以任何形式突出显示。如果选择单元格会产生展示信息之外的效果，那么这不是处理事情的最佳方法。这时，请使用下面的第二种方法。

第二种方法是允许单元格高亮显示，但是在交互完成之后移出高亮显示，这需要通知表格取消单元格选中状态。每次用户选择都会触发一个延迟的选择取消操作，延迟时间为半秒钟，此方法调用tableView实例的deselectRowAtIndexPath:animated:方法实现。

```
-(void) deSelect:(id) sender
{
    [self.tableView deselectRowAtIndexPath:[self.tableView indexPathForSelectedRow]
animated:YES];
}
-(void)tableView:(UITableView*)tableViewdidSelectRowAtIndexPath:(NSIndexPath*)newIndexPath{
[self performSelector:@selector(deSelect:) withObject:nil afterDelay:0.5f];
}
```

19.10 单元格的配件样式

Cocoa Touch提供了4种单元格的配件样式，只需配置accessoryType属性即可：

●UITableViewCellAccessoryNone — 此类型为默认类型，不设定任何样式。

●UITableViewCellAccessoryDisclosureIndicator — 此类型会在单元格的右侧添加一个灰色的V型图标，它不跟踪触摸操作，将把用户引导到有更多选项的视图，尤其是有关此选择的子选项。

●UITableViewCellAccessoryDetailDisclosureButton — 此类型会在单元格的右侧添加一个实际的可点击按钮，它可以响应触摸操作，指示该按钮将引导到完整的交互详情视图。可实现tableView:accessoryButtonTappedForRowWithIndexPath:代理方法来确定轻击的行为并实现相应的响应。

●UITableViewCellAccessoryCheckmark — 当设置此类型后，用户选中某个单元格时，该单元格的右侧会增加一个勾选图标，再次点击将会取消勾选。当然我们也可以自己定制想要的配件，只需把我们自己定义的视图赋给accessoryView属性即可，如下代码所示：

UIView * accessoryView=[[UIView alloc]initWithFrame:CGRectMake(0,0,40,40)];
accessoryView.backgroundColor=[UIColor redColor];cell.accessoryView=accessoryView;

19.11 编辑单元格

在日常生活中，每个iPhone用户都会很快熟悉那些红色的小圆形按钮，使用这些按钮可以从表格中删除单元格。许多用户还使用基本的滑动以执行删除功能。交互删除是iPhone最具代表性的功能之一。

当你希望编辑单元格时，可以调用[self.tableView setEditing:YES animated:YES]，此调用更新表格的editing属性，并显示删除控件。

用户完成编辑并希望返回到标准表格显示视图时，可以采用相反的操作，调用[self.tableView setEditing:NO animated:YES]。

19.11.1 处理删除请求

在单元格删除中，表格通过发起tableView:commitEditingStyle:forRowAtIndexPath:回调与应用程序交互。表格可以从可视表格中删除项，但是不改变底层数据，如果不从数据源删除项，"删除"的项在下一次表格刷新时还将出现，因此，你需要在该回调方法中处理相关的数据源以更新操作。

19.11.2 滑动单元格

滑动提供了一个从UITableView实例中删除项的简单方法，你不需要执行任何操作即可启用滑动，表格负责处理一切事务，你只需要提供编辑样式方法。

要进行滑动操作，用户可以快速从单元格左边拖到右边，一个矩形删除确认框将出现在单元格右边，但是该单元格的左边不显示圆形的删除控件。

19.11.3 对单元格重新排序

你可以让用户直接对表格的单元格重新排序，iPhone带有内置的表格重新排序支持，可以被轻松添加到你的应用程序，你只需要添加一个简单的表格委托方法tableView:moveRowAtIndexPath:toIndexPath:即可。

你的内部数据模型必须匹配用户对视图作出的更改，以实现tableView:moveRowAtIndexPath:toIndexPath:方法来同步数据源，就像在提交单元格删除时那样，此数据源方法提供了更新数据源的机会。

要支持单元格重新排序，必须包含此方法，如果没有找到此方法，表格在进入编辑模式时将不会显示重新排序功能。

19.12 表格数据排序

当你对组成表格的信息排序，然后加载其数据时，就可以得到一个完成排序的表格，下面的代码片段展示了3种基本的排序：按照字母排序、字母降序和字符串长度排序。后两种需要扩展NSString类，这种简单的类可以添加反向比较和字符串长度比较。

```
//NSString扩展
@interface NSString (sortingExtension)
@end
@implementation NSString (sortingExtension)
- (NSComparisonResult) reverseCompare: (NSString *) aString
{
    return -1 * [self caseInsensitiveCompare:aString];
}


- (NSComparisonResult) lengthCompare: (NSString *) aString
{
    if (self.length == aString.length) return NSOrderedSame;
    if (self.length > aString.length) return NSOrderedDescending;
    return NSOrderedAscending;
}
@end
//选择排序方法
- (void) updateSort: (UISegmentedControl *) seg
{
    if (seg.selectedSegmentIndex == 0)
    self.items = [self.items sortedArrayUsingSelector: @selector(caseInsensitiveCompare:)];
    else if (seg.selectedSegmentIndex == 1)
    self.items = [self.items sortedArrayUsingSelector:@selector(reverseCompare:)];
    else if (seg.selectedSegmentIndex == 2)
    self.items = [self.items sortedArrayUsingSelector:@selector(lengthCompare:)];
```

```
    [self.tableView reloadData];
}
```

19.13 创建分段表格

许多iPhone应用程序同时使用分段和行，分段提供了另一种列表结构，它将项组合到逻辑单元中。最常用的分段模式是字母表，当然你组织数据的方式不仅限于这种方式，你可以使用任何分段方案让应用程序更易于理解。下图展示了一个分段的表格，其中使用分段显示组名称，每个分段显示一个独立的标题和右边的一个索引（点击索引可以快速访问每个分段）。

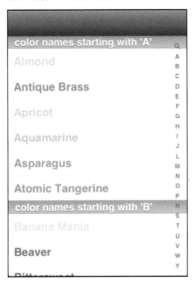

使用分段表格需要对数据进行逻辑分段处理，前面讲的单分段表格只需使用行编号索引，多分段表格需要使用行和分段信息来查找单元格数据。方法是先使用indexPath.section获取到分段的索引位置，然后再使用indexPath.row获取到该分段下的具体行的索引位置。

19.13.1 创建标题

将分段标题添加到分组表格需要做的工作很少。可选的tableView:titleForHeaderInSection:方法为每个分段提供了标题。它传递整数，而你则提供标题。如果你的表格不包含给定分段中的项，或者只有一个分段，那么返回nil。

19.13.2 创建分段索引

实现sectionIndexTitlesForTableView:方法的表格会显示出右侧的索引视图，此方法在创建表格视图时调用，该方法返回的数组为要显示的索引项，只有这样才能让索引正确地匹配，返回nil将跳过索引。苹果建议只向纯表格视图添加分段索引，因为分组表格的索引看起来会有些凌乱。纯表格是指使用默认UITableViewStylePlain样式创建的表格。

　　索引可以让用户根据用户触摸偏移量沿表格移动，但是有时候索引字母可能导致用户选择与表格显示的结果之间不匹配。为了修复该问题，要实现可选的tableView:sectionForSectionIndexTitle:方法，此方法用来连接分段索引标题（即sectionIndexTitlesForTableView:方法返回的标题）和分段编号。这将覆盖任何顺序不匹配，并为用户索引选择和显示的分段之间提供一对一的匹配关系。该方法返回的是一个NSInteger类型变量，该变量与你的分段编号相匹配，也就是说，如果你有20个分段，如果返回3，那么表格将会自动定位到分段为3的位置，分段是从0开始的。

19.13.3 定制表头和脚注

　　分段表格视图可以自由定制，使用tableHeaderView和tableFooterView属性可以分配任何类型的视图，这些视图都有自己的子视图。因此，可以添加标签、文本字段、按钮和其它控件，以扩展表格的功能。

　　表头和脚注不受整个表格的限制。每个分段都可以提供可定制的表头和脚注视图，你可以通过tableView:heightForHeaderInSection:或tableView:heightForFooterInSection:方法来定制每个分段的表头或脚注的高度，使用tableView:viewForHeaderInSection:或tableView:viewForFooterInSection:方法来定制每个分段的表头或脚注视图。

19.14 创建分组表格

　　在iPhone上，表格有两种格式：纯表格列表和分组表格。我们前面已经介绍完了前一种纯表格的创建。在iPhone的设置应用程序中就使用了分组表格，分组表格的使用与纯表格的使用完全一样，分组表格可以用来显示多样性的表格，但是数据模型的处理比纯表格复杂的多，在方法的使用上两者都是一样的。

　　要使用分组表格的样式，只需要使用另一个样式初始化表格视图控制器即可，你可以使用如下方法：

myTableViewController=[[UITableViewController alloc] initWithStyle:UITableViewStyleGrouped];
如果是初始化UITableView实例，则使用如下方法：
aTab=[[UITableView alloc]initWithFrame:CGRectMake(0, 44, 320, 367) style:UITableViewStyleGrouped];

19.15 创建搜索表格

　　苹果内置的搜索功能可以让用户实时筛选表格的内容。此搜索表格使用了两个重要的类：UISearchBar类和UISearchDisplayController类。UISearchBar是一个搜索框视图，你可以把它放在任何位置；UISearchDisplayController是一个控制器视图，当你选中搜索框视图的时候，搜索控制器会接管整个界面的控制权，铺满整个界面。搜索控制器内置了搜索表格，但是你依然需要实现表格的所有数据源的方法，就像你自己创建的表格一样，通过搜索栏里输入的内容更新数据源。在使用搜索表格时有两点需要注意：（1）当用户在搜索栏里输入内容时，你不需要自己调用reloadData了，每当搜索栏的内容发生更改时控制器会自动刷新表格，你只需要实时匹配更新数据源就行了。（2）当你的类里面已经存在一张自己的表格时，需要在数据源方法里面判断目前是哪个tableView在使用。当点击右上角的取消按钮后将退出搜索控制器，回到你自己的视图界面。搜索控制器如下图所示：

下面代码片段初始化了一个搜索控制器：

self.searchBar = [[[UISearchBar alloc] initWithFrame: CGRectMake(0.0f, 0.0f, 320.0f, 44.0f)] autorelease];

self.searchBar.autocorrectionType = UITextAutocorrectionTypeNo;

self.searchBar.autocapitalizationType = UITextAutocapitalizationTypeNone;

self.searchBar.keyboardType = UIKeyboardTypeAlphabet;

self.tableView.tableHeaderView = self.searchBar;

self.searchDC = [[[UISearchDisplayController alloc] initWithSearchBar:self.searchBar contentsController:self] autorelease];

self.searchDC.searchResultsDataSource = self;

self.searchDC.searchResultsDelegate = self;

当然，很多时候苹果提供的搜索表格无法满足我们的需求，因为它的界面无法定制，很可能与你的应用UI产生冲突，所以，我们需要使用自定义的搜索框。自定义搜索框的原理也是使用一个文本输入框和一个展示数据用的表格，根据自己的业务需要，进行相应的处理。

19.16 下拉刷新（iOS6新特征）

在iOS6以前，我们一般都是采用第三方的类库来实现表格的下拉刷新功能。在iOS6中，苹果内置了下拉刷新功能，内置的下拉刷新功能使用起来非常简单方便，但是它提供的功能还不够完善，如果你不想失去以前的老版本系统的用户，那么建议你还是使用第三方的类库来实现吧，或许在不久的将来，内置的下拉刷新将会替代第三方的类库。下面是一张下拉刷新的效果图：

接下来,我们就来看下如何通过简单的代码嵌入下拉刷新功能。首先我们配置如下代码:

self.refreshControl=[[UIRefreshControl alloc]init];//初始化控件，无需设置frame

self.refreshControl.attributedTitle=[[NSAttributedString alloc]initWithString:@"下拉刷新"]; self.refreshControl.tintColor=[UIColor redColor];

[self.refreshControladdTarget:selfaction:@selector(handleData)forControlEvents:UIControlEventValueChanged];

这里需要值得注意的一点是，refreshControl属性属于UITableViewController自带的，你不能将它赋给别的UIViewController，也就是说，如果你需要使用下拉刷新功能，你就必须使用UITableViewController。目前我们能够配置的属性只有两个：tintColor（图标的颜色）、attributedTitle（图标下面的文字）。当用户进行下拉刷新操作时，UIRefreshControl会触发一个UIControlEventValueChanged事件，通过监听这个事件，我们就可以进行自己的业务逻辑操作了。你需要手动的调用[self.refreshControl endRefreshing]来结束刷新动作，并调用reloadData方法刷新表格，你也可以随时调用[self.refreshControl beginRefreshing]来开启刷新动作，以及通过refreshing属性来判断当前是否处于刷新动作。

19.17 UICollectionView（iOS6新特征）

UICollectionView是一种新的数据展示方式,简单来说,可以把它理解成多列的UITableView，但是相对来说功能更为强大，它的可扩展性更为灵活，由于它提供了视图布局机制，所以我们可以高度定制内容的展现。

下面我们先来认识下什么是UICollectionView，如下图。

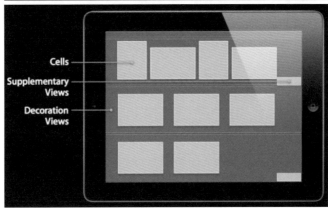

　　标准的UICollectionView包含三个部分，它们都是UIView的子类，不管一个UICollectionView的布局如何变化，这三个部件都是存在的：

　　• Cells——用于展示内容的主体，对于不同的cell可以指定不同尺寸和不同的内容。

　　• Supplementary Views——追加视图。相当于UITableView每个Section的Header或者Footer，用来标记每个section的view。

　　• Decoration Views——装饰视图。这是每个section的背景。

　　关于这个新特性，苹果新增加了5个类：

　　• UICollectionViewController.h——控制器类，相当于UITableViewController。

　　• UICollectionView.h——视图类，相当于UITableView。

　　• UICollectionCell.h——单元格，相当于UITableViewCell。

　　• UICollectionViewLayout——负责整个视图的布局，通过这个类可以高度定制每个cell的位置，以及表头、脚注和装饰视图的位置

　　• UICollectionViewFlowLayout——苹果提供的流式布局类，继承自UICollectionViewLayout。

下面是一张相关类的结构图：

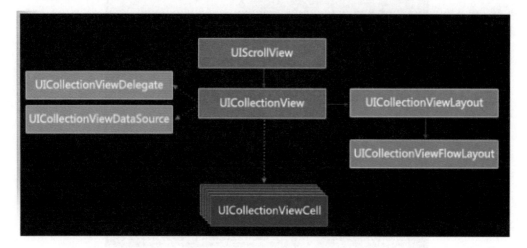

19.17.1 配置数据源

首先，我们直接建立一个继承自UICollectionViewController的类，该类将会自动生成一个UICollectionView实例，以及相应的协议。如果你是直接建立UICollectionView的话，就需要添加UICollectionViewDelegate和UICollectionViewDataSource两个协议。然后实现下面前两个必需的数据源方法，以及其他的可选方法：

collectionView:numberOfItemsInSection:——该方法指定了每个Section中有多少个Items。

collectionView:cellForItemAtIndexPath:——该方法指定了每个cell的内容。

numberOfSectionsInCollectionView:——指定Section的数量。

collectionView:viewForSupplementaryElementOfKind:atIndexPath——指定 Supplementary Views。

因为没有了默认的cell类型可选，所以接下来我们需要创建自己的Cell类，创建的Cell类必须继承自UICollectionViewCell，它跟UITableViewCell的自定义一样，如下代码所示：

```
//.h文件
@interface Cell : UICollectionViewCell
@property (strong, nonatomic) UILabel* label;
@end
//.m文件
@implementation Cell

- (id)initWithFrame:(CGRect)frame
{
    self = [super initWithFrame:frame];
    if (self) {
        self.label = [[UILabel alloc] initWithFrame:CGRectMake(0, 0, 100, 100)];
        self.label.textAlignment = NSTextAlignmentCenter;
```

```
        self.label.font = [UIFont boldSystemFontOfSize:30.0];
        self.label.backgroundColor = [UIColor grayColor];
        self.label.textColor = [UIColor blackColor];
        [self.contentView addSubview:self.label];
    }
    return self;
}
@end
```

然后我们再来说下cell的重用机制。UICollectionView的重用机制跟tableView的机制差不多，但是创建cell的代码改进了很多，首先我们需要注册一个cell，可以通过下面的两个方法注册：

(1)registerClass:forCellWithReuseIdentifier: —— 这个是通过cell类进行注册，可以按如下方式使用：

```
[self.collectionView registerClass:[Cell class]
forCellWithReuseIdentifier:@"MY_CELL"];
```

(2)registerNib:forCellWithReuseIdentifier: —— 这个是通过nib文件进行注册，可以按如下方式使用：

```
UINib *cellNib = [UINib nibWithNibName:@"NibCell" bundle:nil];
[self.collectionView registerNib:cellNib forCellWithReuseIdentifier:@"simpleCell"];
```

注册以后我们不用再初始化cell了，也没有cell的样式配置，只需如下的一句代码就实现了重用：

```
Cell *cell = [cv dequeueReusableCellWithReuseIdentifier:@"MY_CELL" forIndexPath:indexPath];
```

Supplementary Views跟cell一样，我们先创建一个类继承自UICollectionReusableView，如下代码所示：

```
//.h文件
@interface MyReusableView:UICollectionReusableView
@property(strong, nonatomic) UILabel* label;
@end
//.m文件
@implemcntation MyReusableView
- (id)initWithFrame:(CGRect)frame
{
    self = [super initWithFrame:frame];
    if (self) {
        self.label = [[UILabel alloc] initWithFrame:CGRectMake(0, 0, 1024, 30)];
        self.label.textAlignment = NSTextAlignmentCenter;
        self.label.font = [UIFont boldSystemFontOfSize:20.0];
        self.label.backgroundColor = [UIColor scrollViewTexturedBackgroundColor];
        self.label.textColor = [UIColor blackColor];
        [self addSubview:self.label];
    }
    return self;
}
@end
```

使用它也需要先注册,可通过下面的两个方法注册:

registerClass:forSupplementaryViewOfKind:withReuseIdentifier:

registerNib:forSupplementaryViewOfKind:withReuseIdentifier:

那我们该如何区分表头和脚注呢? 很简单,我们可以通过给第二个参数传入相应的值来区分,我们使用内置的两个值:UICollectionElementKindSectionHeaderUICollectionElementKindSectionFooter。

然后在collectionView: viewForSupplementaryElementOfKind:atIndexPath:

协议方法中添加如下的代码:

```
- (UICollectionReusableView *)collectionView:(UICollectionView *)collectionView
viewForSupplementaryElementOfKind:(NSString *)kind atIndexPath:(NSIndexPath *)indexPath{
    MyReusableView * header = nil;
    if([kind isEqual:UICollectionElementKindSectionHeader]){
        header = [collectionView dequeueReusableSupplementaryViewOfKind:kind
    withReuseIdentifier:@"PhotoHeader" forIndexPath: indexPath];
        header.label.text = @"header";
    }
    if([kind isEqual:UICollectionElementKindSectionFooter]){
        header = [collectionView dequeueReusableSupplementaryViewOfKind:kind
    withReuseIdentifier:@"PhotoFooter" forIndexPath:indexPath];
        header.label.text = @"footer";
    }
    return header;
}
```

在这里需要注意的是,重用时传入的参数必须跟注册时传入的参数匹配。到此,我们就做好了数据源的准备工作。接下来我们来详细讲解下如何使用UICollectionViewFlowLayout。

19.17.2 使用UICollectionViewFlowLayout

UICollectionViewFlowLayout是苹果内置的一种流式的布局,我们可以使用它来方便地创建管理视图布局,只需简单地配置几个属性就可以完成整个布局的搭建。

首先,我们需要创建一个类继承自UICollectionViewFlowLayout,^代码如下所示:

```
//.h文件
@interface ViewController : UICollectionViewController

@end
//.m文件
@implementation CellLayout

-(id)init
{
    self = [super init];
```

```
if (self) {
    self.itemSize = CGSizeMake(100, ^100);
    self.scrollDirection =
    UICollectionViewScrollDirectionVertical;
    self.sectionInset = UIEdgeInsetsMake(10, ^10, ^10, ^10);
    self.minimumLineSpacing = 10;
    self.footerReferenceSize=CGSizeMake(0, ^50);
    self.headerReferenceSize=CGSizeMake(0, ^50);
    self.minimumInteritemSpacing=10;
    }
    return self;
}
@end
```

到此为止，我们就可以创建出如下图所示的界面了：

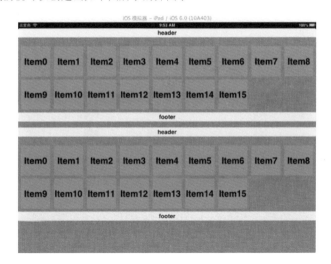

下面我们将具体介绍下UICollectionViewFlowLayout可配置的属性以及方法。

minimumLineSpacing——全局配置每行之间的间距，如下图所示：

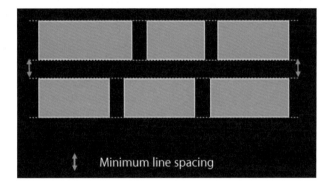

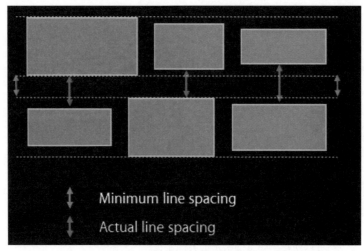

也可以通过下面的delegate方法对每一个Section单独设置：

- (CGFloat)collectionView:(UICollectionView *)collectionView layout:(UICollectionViewLayout*)collectionViewLayout minimumLineSpacingForSectionAtIndex:(NSInteger)section;

minimumInteritemSpacing——全局配置每行内部item的间距，如下图所示：

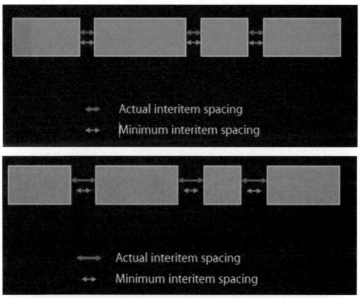

也可以通过下面的delegate方法对每一个Section单独设置：

- (CGFloat)collectionView:(UICollectionView *)collectionView layout:(UICollectionViewLayout*)collectionViewLayout minimumInteritemSpacingForSectionAtIndex:(NSInteger)section;

itemSize——全局配置每个item的尺寸。也可以通过下面的delegate方法对每一个item单独设置尺寸：

- (CGSize)collectionView:(UICollectionView *)collectionView
layout:(UICollectionViewLayout*)collectionViewLayout sizeForItemAtIndexPath:(NSIndexPath
*)indexPath;

　　scrollDirection——设置滚动的方向：UICollectionViewScrollDirectionVertical（垂直滚动），
UICollectionViewScrollDirectionHorizontal（水平滚动）。

　　headerReferenceSize——全局配置表头的尺寸，当水平的时候需要设置Width，当垂直的时候需
要设置Height，如下图所示：

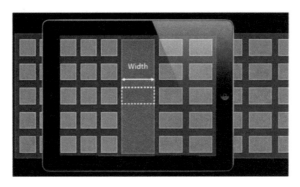

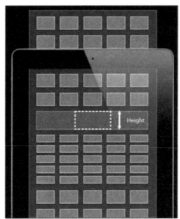

　　也可以通过下面的delegate方法对每一个Section表头单独设置：

- (CGSize)collectionView:(UICollectionView *)collectionView
layout:(UICollectionViewLayout*)collectionViewLayout
referenceSizeForHeaderInSection:(NSInteger)section;

　　footerReferenceSize——全局配置脚注的尺寸，跟headerReferenceSize一样配置。

　　也可以通过下面的delegate方法对每一个Section脚注单独设置：

- (CGSize)collectionView:(UICollectionView *)collectionView
layout:(UICollectionViewLayout*)collectionViewLayout
referenceSizeForFooterInSection:(NSInteger)section;

　　sectionInset——全局配置每个section的边界范围，如下图所示：

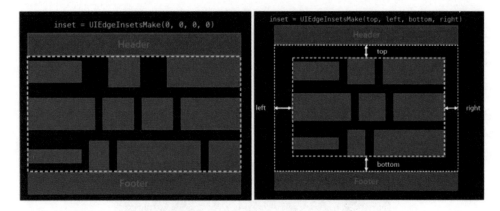

也可以通过下面的delegate方法对每一个Section单独设置边界：

- (UIEdgeInsets)collectionView:(UICollectionView *)collectionView
layout:(UICollectionViewLayout*)collectionViewLayout
insetForSectionAtIndex:(NSInteger)section;

19.17.3 删除和添加项

想要删除和添加items很简单，你只需要传入一个数组，告诉它删除或添加的索引路径，添加或删除时会有内置的动画效果，可使用如下所示的代码来实现添加功能：

NSIndexPath * indexpath =[NSIndexPath indexPathForItem:0 inSection:0];
NSArray *deleteItems = [NSArray arrayWithObjects:indexpath, nil];
[self.collectionView insertItemsAtIndexPaths:deleteItems];

可使用如下所示的代码来实现删除功能：

NSIndexPath * indexpath =[NSIndexPath indexPathForItem:0 inSection:0];
NSArray *deleteItems = [NSArray arrayWithObjects:indexpath, nil];
[self.collectionView deleteItemsAtIndexPaths:deleteItems];

19.17.4 使用UICollectionViewLayout

UICollectionViewLayout类是一个抽象的基类，你必须子类化它来生成你的集合视图的布局息，它的工作是确定集合视图边界内的cells、supplementary views和decoration views的位置，集合视图使用它提供的布局信息在屏幕上展现相应的视图。布局对象不提供数据源或其他视图元素，它只能用来提供布局信息。

UICollectionView有三种类型的元素需要提供布局：cells、supplementary views和decoration views。集合视图要求布局对象在许多不同的时间提供布局信息，包括每个cell或view在屏幕上出的时候，以及插入和删除的时候。

在介绍布局方法之前，我们先来了解下UICollectionViewLayoutAttributes这个对象。每个cell或者view都对应一个UICollectionViewLayoutAttributes，我们通过修改它们的UICollectionViewLayout-Attributes属性，就可以改变视图的布局，UICollectionViewLayoutAttributes内置了一些可以直接修改的属性：frame、center、size、 transform3D、alpha、zIndex（在Z轴上的位置，默认为0）。我们可以通过下面的方法来得到具体索引路径处的UICollectionViewLayoutAttributes对象：

layoutAttributesForItemAtIndexPath:

layoutAttributesForSupplementaryViewOfKind:atIndexPath:

layoutAttributesForDecorationViewOfKind:atIndexPath:

这些方法都是属于UICollectionViewLayout对象的，使用的时候可以这样：

[self layoutAttributesForItemAtIndexPath:indexPath];

我们也可以在layoutAttributesForElementsInRect:方法中通过使用如下代码获得某个矩形范围内的所有UICollectionViewLayoutAttributes对象的数组：

NSArray* array = [super layoutAttributesForElementsInRect:rect];

每一个布局对象都应该实现以下几个方法：

• collectionViewContentSize——子类必须重写此方法，并用它来返回集合视图内容的高度和宽度，该值表示的是所有内容的高度和宽度，而不是只是目前可见的内容，集合视图的滚动使用此信息来配置其内容的大小。

• layoutAttributesForElementsInRect——子类必须重写此方法,返回一个UICollectionView-LayoutAttributes对象的数组，在指定矩形中的所有cells和views的布局信息，默认返回nil。

• layoutAttributesForItemAtIndexPath——子类必须重写此方法,返回指定索引处的布局属性，不能使用它来指定supplementary views和decoration views。

• layoutAttributesForSupplementaryViewOfKind:atIndexPath——如果你有decoration views，使用该方法来提供对应的布局属性。

• layoutAttributesForDecorationViewOfKind:atIndexPath——如果你有supplementary views，使用该方法来提供对应的布局属性。

• shouldInvalidateLayoutForBoundsChange——如果视图布局需要更新返回YES，否则返回NO，默认为NO。

当集合视图中的数据改变或者添加删除项时，集合视图要求其布局对象更新信息。具体而言，任何被移动、添加、删除的项必须有它的布局更新，以反映新的位置信息。对于移动的项，集合视图使用标准的方法来检索更新项的布局属性。对于被插入或者删除的项，集合视图调用一些不同的方法，你应该重写这些方法，以提供适当的布局信息。

initialLayoutAttributesForAppearingItemAtIndexPath:

initialLayoutAttributesForAppearingSupplementaryElementOfKind: atIndexPath:

initialLayoutAttributesForAppearingDecorationElementOfKind: atIndexPath:

finalLayoutAttributesForDisappearingItemAtIndexPath:

finalLayoutAttributesForDisappearingSupplementaryElementOfKind: atIndexPath:

finalLayoutAttributesForDisappearingDecorationElementOfKind: atIndexPath:

下面给出一个自定义的layout代码：

```
//.h文件
@interface CircleLayout : UICollectionViewLayout
@property (nonatomic, assign) CGPoint center;
@property (nonatomic, assign) CGFloat radius;
@property (nonatomic, assign) NSInteger cellCount;
```

```
@end
//.m文件
@implementation CircleLayout

-(void)prepareLayout //该方法在布局开始前执行，子类可以覆盖该方法来执行一些需要的计算，
以为后面的布局做数据准备，默认不执行任何操作。
{
    [super prepareLayout];
    CGSize size = self.collectionView.frame.size;
    cellCount = [[self collectionView] numberOfItemsInSection:0];
    _center = CGPointMake(size.width/2.0, size.height/2.0);
    _radius = MIN(size.width, size.height)/2.5;
}

    -(CGSize)collectionViewContentSize
{

    return [self collectionView].frame.size;
}
-(UICollectionViewLayoutAttributes*)layoutAttributesForItemAtIndexPath:(NSIndexPath *)path
{
        UICollectionViewLayoutAttributes* attributes = [UICollectionViewLayoutAttributes
layoutAttributesForCellWithIndexPath:path];
    attributes.size = CGSizeMake(70, 70);
    attributes.center = CGPointMake(_center.x + _radius * cosf(2 *
path.item * M_PI / _cellCount), _center.y + _radius * sinf(2 *
path.item * M_PI / _cellCount));
    return attributes;
}


-(NSArray*)layoutAttributesForElementsInRect:(CGRect)rect
{
    NSMutableArray* attributes = [NSMutableArray array];
    for (NSInteger i=0 ; i < self.cellCount; i++) {
        NSIndexPath* indexPath = [NSIndexPath indexPathForItem:i inSection:0];
        [attributes addObject:[self  layoutAttributesForItemAtIndexPath: indexPath]];
    }
    return attributes;
}
@end
```

小结 :

　　本章学习了表格视图的详细使用，以及iOS6中新添加的下拉刷新和UICollectionView。UITableView是iOS开发中使用最广泛的控件，也是使用起来最多样化的控件，作为一名合格的开发人员，必须熟练掌握它。在使用UITableView的时候要十分小心数据源的匹配问题，一不小心就会导致你的程序崩溃，在设计的时候要把整体思路理清楚，然后再去实现它。

　　UICollectionView的强大是毋庸置疑的，它必定会成为将来的发展趋势。在用户群体的抉择上，需要你自己去把握。

输入控件

　　UITextField是最常用的文本输入控件，它可以自动响应用户点击事件并弹出键盘。文本字段实现了UITextInputTraits协议,可以通过协议提供的属性来设置文本输入方式。

20.1 文本输入

　　autocapitalizationType//定义文本自动大写方式

　　autocorrectionType//是否启用自动文本更正

　　spellCheckingType//是否开启拼写检查

　　keyboardType//首次呈现键盘类型

　　keyboardAppearance//键盘弹出方式

　　returnKeyType//键盘上的Return键类型

　　enablesReturnKeyAutomatically//是否禁用return，如果设为YES，则用户至少需要输入一个字符才能点击return

　　secureTextEntry//是否开启密文输入（密码输入框）

　　开启拼写检查的时候，输入的内容会由系统自动检查。如下图，当用户确认后，内容才会添加到输入框，可以将autocorrectionType设为UITextAutocorrectionTypeNo来防止出现拼写检查。

我们可以在键盘弹出前设置键盘类型，默认的键盘可以在英文、数字、中文等输入法之间切换，如果限制了输入类型，则只能用指定的输入法输入，下面是普通键盘和纯数字键盘样式：

20.2 取消键盘

使用UITextField时，难处理的在于输入结束。苹果并没有内置的方法自动识别什么时候关闭键盘，编程的原则是，当用户输入结束时，就应该关闭键盘。

我们可以通过UITextFieldDelegate代理方法，取消第一响应者来让键盘消失。

```
- (BOOL)textFieldShouldReturn:(UITextField *)textField
{
    [textField resignFirstResponder];
    return YES;
}
```

resignFirstResponder方法也常出现在touch事件中，实现随意点击视图取消键盘。

* 所有按下return键的动作都会调用上述方法，也就是不管选择了哪个returnKeyType，调用的方法都不变。

* 同样的方法在UITextView中却并不适用，因为UITextView需要支持多行输入，return键将被用于换行操作。这种情况下，我们需要在界面上额外添加一个功能键，来取消UITextView的第一响应者，或者在输入'\n'字符时将其判定为取消第一响应动作。

UITextFieldDelegate提供了输入框各种状态的回调方法：

- (void)textFieldDidBeginEditing:(UITextField *)textField;//开始编辑

- (void)textFieldDidEndEditing:(UITextField *)textField;//结束编辑

- (BOOL)textField:(UITextField *)textField

shouldChangeCharactersInRange:(NSRange)range replacementString:(NSString *)string;//输入框中的内容将要发生改变

- (BOOL)textFieldShouldReturn:(UITextField *)textField;//用户点击return

除了代理方法之外，同样可以通过通知来捕捉输入状态：

UITextFieldTextDidBeginEditingNotification;//输入开始

UITextFieldTextDidEndEditingNotification;//输入结束

UITextFieldTextDidChangeNotification;//输入内容改变

UITextField无法设置多行，也就是输入的所有文本内容均在一行显示，超出长度后文本会自动左移，以保证输入内容的显示。如果要保证输入效果，可以添加输入控制。

20.3 输入控制

一个好的输入框需要根据用户的需求来实现相应的功能。除了前面提到的输入修正外，还需要添加一些额外的功能，如全部擦除、提示语和对输入内容（字符、长度等）作适当的限制。

全部擦除功能：设置clearButtonMode属性。

提示语：设置placeholder属性。

限制输入长度和内容：通过代理方法，将不符合要求的字段排除。

一个功能完整的输入框示例如下：

UITextField * textField = [[UITextField alloc]initWithFrame:CGRectMake(100, 100, 120, 40)];

textField.returnKeyType = UIReturnKeyDone;

textField.borderStyle = UITextBorderStyleBezel;

textField.placeholder = @"请输入账号";

textField.clearButtonMode = UITextFieldViewModeAlways;

textField.delegate = self;

[self.view addSubview:textField];

假定这个输入框是用来输入用户名的，限制只能输入英文字符、数字、下划线，长度不能超过12位，其实现方法如下：

先指定可输入内容，然后添加代理方法，过滤掉不符合的内容。

```
#define CHAR_NUMBER_TEXT
@"ABCDEFGHIJKLMNOPQRSTUVWXYZabcdefghijklmnopqrstuvwxyz0123456789_"
- (BOOL)textField:(UITextField *)textField
shouldChangeCharactersInRange:(NSRange)range replacementString:(NSString *)string
{
    if (range.location > 12) {
        return NO;
    }
    NSCharacterSet * cs = [[NSCharacterSet characterSetWithCharactersInString:
CHAR_NUMBER_TEXT] invertedSet];
    NSString * filtered = [[string componentsSeparatedByCharactersInSet:cs]
componentsJoinedByString:@""];//将输入的字符分割，并将其中包含在指定字符串中的字符拼接
    BOOL basicTest = [string isEqualToString:filtered];//如果与原字符串一样,则输入正
确
```

```
    if (!basicTest) {
        return NO;
    }
    return YES;
}
```

* 注意，代理方法中的string并不总是只有一个字符，比如中文输入和自带的复制与粘贴的功能，所以不能简单地判定string是否符合。

> **小结：**
>
> 本章介绍了输入控件、输入内容控制，以及代理方法的应用。下面是本章内容要点；通过设置文本更正和键盘类型可以让用户更方便地输入；用户的输入结束状态可以通过用户点击return捕捉，或者在界面随意点击时取消键盘，可以通过代理或通知监控输入时的状态；对输入内容控制的主要方法是在代理方法中过滤掉不符合的输入。

网络开发

移动互联最大的优势在于随时随地，其实现的基础就是网络。苹果公司凭借其坚实的基础和技术丰富了这一平台。

iOS SDK可以进行网络判断、网络请求、数据处理。本章将探讨iOS平台常用的网络计算技术，并提供简化工作的方法。

21.1 检查网络状态

网络应用程序需要活动连接才能与因特网或者附近设备通信，在发送或检索数据之前，应用程序应确定是否存在活动连接。

系统配置框架提供了许多网络感知功能，其中SCNetworkReachabilityCreateWithAddress用来检查IP地址是否可达。

使用这个方法需要在工程中添加SystemConfiguration库，并引入头文件。

示例：测试网络连接。

```
- (
-(BOOL) connectedToNetwork
{
    // 创建零地址，0.0.0.0的地址表示查询本机的网络连接状态
    struct sockaddr_in zeroAddress;
    bzero(&zeroAddress, sizeof(zeroAddress));
    zeroAddress.sin_len = sizeof(zeroAddress);
    zeroAddress.sin_family = AF_INET;
    //SCNetworkReachabilityCreateWithAddress: 根据传入的IP地址测试连接状态，当为
0.0.0.0时则可以查询本机的网络连接状态。
    //使用SCNetworkReachabilityCreateWithName:可以根据传入的网址测试连接状态。
    */
    SCNetworkReachabilityRef defaultRouteReachability =
SCNetworkReachabilityCreateWithAddress(NULL, (struct sockaddr *)&zeroAddress);
    SCNetworkReachabilityFlags flags;
    BOOL didRetrieveFlags = SCNetworkReachabilityGetFlags(defaultRouteReachability,
&flags);
        CFRelease(defaultRouteReachability);
```

```
if (!didRetrieveFlags)
    {
        printf("Error. Could not recover network reachability flagsn");
        return NO;
    }
//kSCNetworkReachabilityFlagsReachable:能够连接网络
//kSCNetworkReachabilityFlagsConnectionRequired: 能够连接网络,但是首先得建立连接过程
//kSCNetworkReachabilityFlagsIsWWAN:判断是否通过蜂窝网覆盖的连接
BOOL isReachable = ((flags & kSCNetworkFlagsReachable) != 0);
BOOL needsConnection = ((flags & kSCNetworkFlagsConnectionRequired) != 0);
return (isReachable && !needsConnection) ? YES:NO;
}
```

21.2 同步请求

同步请求：发送数据请求后，等待至接收到数据，然后转向程序下一步。使用NSURLConnection、NSURLRequest和INSURL，我们可以创建一个同步请求。

简单的同步请求：

```
NSURL *url = [NSURL URLWithString:@"http://www.apple.com"];
NSURLRequest *request = [NSURLRequest requestWithURL:url];
NSURLResponse *response;
NSError *error;
NSData *resultData= [NSURLConnectionsendSynchronousRequest:request returningResponse:&response
error:&error];
```

通过示例中NSURLResponse对象可获取响应参数返回的信息，而通过NSError对象可获取请求错误信息,如果不需要对返回信息或错误信息进行处理，可将传入参数设为nil。

当在主线程中使用同步请求时，应用程序的界面将会被锁定，无法进行任何操作，直到请求完成。所以，在应用程序中，同步请求绝大多数应用在子线程中，以增加用户体验。

我们可以用如下的方法开辟子线程：

```
[NSThread detachNewThreadSelector:@selector(sendRequest) toTarget:selfwithObject:nil];
```

* 注意:在子线程中便利构造的对象是无法自动释放的，需要用到自动释放NSAutoreleasePool。

21.3 异步请求

异步请求：通过设置代理获取数据，完成后再通知主线程。异步请求的好处是不会阻塞当前线程，即不会导致主线程进行网络请求时，界面被锁定的情况。

同样的，我们用与同步类似的方法建立一个异步请求。

示例：异步请求。

```
NSURL *url = [NSURL URLWithString:@"http://www.apple.com"];
NSURLRequest *request = [NSURLRequest requestWithURL:url];
NSURLConnection *connect= [NSURLConnection connectionWithRequest:request
```

delegate:self];

与同步请求最大的区别在于，我们为网络请求设置delegate，当数据下载完成或数据获取失败时，代理对象执行以下两个方法：

- (void)connectionDidFinishLoading:(NSURLConnection *)connection
- (void)connection:(NSURLConnection *)connection didFailWithError:(NSError *)error

异步请求的代理对象需要支持NSURLConnectionDataDelegate，另外两个非常重要的代理方法分别是：

(1)用于获取响应参数返回信息的代理：

(void)connection:(NSURLConnection *)connection didReceiveResponse:(NSURLResponse *)response

(2)用于接收数据的代理：

(void)connection:(NSURLConnection *)connection didReceiveData:(NSData *)data

iOS5.0增加了一个发送异步请求的方法，它利用block语句处理返回信息：

//发送异步请求

[NSURLConnection sendAsynchronousRequest:request queue:q completionHandler:(NSURLResponse *response, NSData *data, NSError *error) {
    //语句块中的内容会在请求结束的时候调用，正常返回data包含数据
    //当请求超时或失败时，data为空，error对象返回错误信息
    NSString *resultString = [[NSString alloc]initWithData:data encoding:NSUTF8StringEncoding];
    NSLog(@"%@",resultString);
    NSLog(@"%@",[error localizedDescription]);
}];

21.4 GET与POST

http请求最常用的方法是GET与POST，GET方法可以直接请求一个url，或者将参数拼接在url后面作为新的url发送。POST方法要设置key和value，所有的key和value都会拼接成key1=value1&key2=value2的样式的字符串，然后这个字符串转化为二进制放到http请求的body中。当请求发送的时候，也就跟随body一起传给服务器。

* http定义了与服务器交互的不同方法，最基本的方法有4种，分别是GET、POSTPUT、DELETE。分别对应于对资源的查、改、增、删。

简单地了解一下GET与POST的区别：

(1)GET使用URL或Cookie传参。而POST将数据放在BODY中。

(2)GET的URL会有长度上的限制，POST的数据则可以非常大。（http协议规范没有对URL长度进行限制，长度的限制主要由特定的浏览器和服务器决定）

(3)POST比GET安全，因为数据在地址栏上不可见，也比GET复杂，因为它需要拼接结构复杂的字符串。

示例：GET请求与POST请求。

GET:

```
NSString*url=[NSURLURLWithString:[@"http://www.rimionline.com/xmlTest.action"
stringByAppendingFormat:@"%@",@"?username=admin&password=123"]];
NSMutableURLRequest*req=[NSMutableURLRequestrequestWithURL:[NSURL
URLWithString:url]];
[req setHTTPMethod:@"GET"];
POST:
NSMutableURLRequest * req=[NSMutableURLRequest requestWithURL:[NSURL URLWithString:@"http://www.apple.com"]];
[req setHTTPMethod:@"POST"];
[req setHTTPBody:[@"1234" dataUsingEncoding:NSUTF8StringEncoding]];
[req setValue:@"text/xml" forHTTPHeaderField:@"Content-Type"];
```

* 在示例的POST请求中，我们使用了NSString的dataUsingEncoding方法，它将字符串用 NSUTF8StringEncoding方式进行编码转换。

21.5 数据上传与下载

大数据量（如图片、pdf等）的上传一般使用POST方式，我们以常用的XML请求为例，简单地了解 一下数据的上传与下载。

21.5.1 XML与XML解析

多表单数据使用XML上传，首先需要创建一个NSMutableURLRequest实例，将上传的参数用指定的 格式拼接成XML字符串，并对其进行编码转换，然后提交请求。

（1）简单XML的语句：<a>string</a>。其中，string是XML的内容或值，a是节点名（node），一 般用于描述string，<a>表示语句开始，</a>表示语句结束。

（2）复杂的XML结构：

```
<ABC>
    <a>2</a>
    <b>
      <b1>1</b1>
      <b1>2</b1>
    </b>
    <c>
      <c1>3<c2>
      <c2>4<c2>
    </c>
</ABC>
```

示例中，节点a的值为2，节点b有两个子节点b1，节点c有两个子节点c1和c2。我们形象的将 XML的结构描述为"树"。每个分支及其所有子分支的整体称为节点（node），每个子分支称为元素 （element），在上传数据的时候，我们需要将需要的值放进指定的节点的指定元素，拼接成完整的 XML字符串。

（3）XML解析：

IOS SDK提供了NSXMLParse类来处理xml数据，其代理NSXMLParserDelegate提供了根据树结构解析xml数据的方法。

由于NSXMLParse类在处理复杂结构的XML数据时较为复杂，在实际应用中我们一般使用更为方便简洁的第三方库进行xml解析。

（4）GDataXMLNode简介：

以下是3个解析相关的类：

GDataXMLDocument

GDataXMLNode

GDataXMLElement

三个类分别代表XML结构中的树、节点、元素。可以简单的理解为树、树枝、树与树枝的交点（注意，不是树叶）。其中，获取到的XML字符串可以生成一个"树"或"交点"。

我们通过将XML字符串生成"树"，按层次获取元素或节点，然后调用方法获取到指定元素对应的值。当然这个过程并不是绝对的，实际应用中它们可能重叠。如最简单的XML结构：<a>string</a>，我们既可以将它当做树，也可以当做元素。

常用的解析方法：

* GDataXMLDocument：

- (GDataXMLElement *)rootElement;//通过树获取根节点。

- (NSArray *)nodesForXPath:(NSString *)xpath error:(NSError **)error;//遍历树的所有节点，获取到所有符合条件的节点，xpath的一般格式为@"/a/b"或者@"///a"。

GDataXMLNode：

- (NSArray *)nodesForXPath:(NSString *)xpath error:(NSError **)error;//遍历该节点下的节点，获取到所有符合条件的节点。

- (NSString *)stringValue;//获取节点的值。注意，如果该节点已经是分支的终点，则会取到元素的值；若该节点下还有子节点，将取到错误的字符串。

GDataXMLElement：

- (NSArray *)elementsForName:(NSString *)name;//获取该元素分支下的所有名为name的元素。由于GDataXMLElement是GDataXMLNode的子类，它同时拥有GDataXMLNode的所有方法。

21.5.2 JSON与JSON解析

JSON相对XML更为简单，从iOS5开始，APPLE提供了对JSON的原生支持（NSJSONSerialization），但是为了兼容以前的iOS版本，可以使用第三方库来处理JSON数据，我们以SBJSON为例。

SBJSON简介：

将任意的数组、字典、NSString或者其他基本数据类型转换成JSON格式字符串：

- (NSString *)JSONFragment;

- (NSString *)JSONRepresentation;

返回字符串转换成可用数据：

(id)JSONValue;//返回值为id类型，一般为NSString、NSArray和NSDictionary。

21.6 ASIHTTPRequest简介

使用iOS SDK中的HTTP请求相当复杂，ASIHTTPRequest对常用的网络请求作了封装和简化，并加入很多实用的方法。

其优化和添加的功能如下：

* 集成代理方法，增加block语句

- (void)setCompletionBlock:(ASIBasicBlock)aCompletionBlock

- (void)setFailedBlock:(ASIBasicBlock)aFailedBlock

* 下载的数据，可以直接存储到磁盘中

设置属性downloadDestinationPath。

* 可以获取到上传和下载进度

设置downloadProgressDelegate与uploadProgressDelegate。

* 支持Cookie

属性requestCookies。

* 支持带宽限制

通过网络判断当前网络类型，3G或WIFI，然后对指定网络进行带宽限制。

* 支持断点续传

* 支持后台运行（iOS4.0）

* 支持HTTPS请求

* 支持上传与下载队列，并获取队列进度

使用ASINetworkQueue

* 快速模拟form表单提交

ASIFormDataRequest-(void)setPostValue:(id <NSObject>)value forKey:(NSString *)key;

熟悉ASIHTTPRequest能很大程度上减少开发所消耗的时间，并为解决网络相关的问题提供便利。

21.7 网页视图

在iOS设备上，UIWebView类受到许多限制，它的功能基本上与Safari相同。但是对于简单的网页浏览，UIWebView显得简单且实用。

UIWebView可以直接通过url初始化，实际应用中主要使用它的如下几个属性和方法：

- (void)reload;//刷新

- (void)stopLoading;//停止

- (void)goBack;//返回上页

- (void)goForward;//前进一页

scalesPageToFit//BOOL类型属性，是否缩放进视图区

默认状态下，UIWebView按照屏幕大小显示网页，超出屏幕的部分需要滑动才能看到，以www.apple.com为例解析如下：

可以设置scalesPageToFit属性，使网页全屏显示：

另外UIWebViewDelegate提供了4个代理方法：

-(BOOL)webView:(UIWebView *)webView shouldStartLoadWithRequest:(NSURLRequest *)request navigationType:(UIWebViewNavigationType)navigationType;//内容加载之前

- (void)webViewDidStartLoad:(UIWebView *)webView;//内容开始加载

- (void)webViewDidFinishLoad:(UIWebView *)webView;//内容加载完成

- (void)webView:(UIWebView *)webView didFailLoadWithError:(NSError *)error;//内容加载失败

通过这几个方法，我们可以给视图做更多的优化体验的处理，如添加一个等待界面，然后加载完毕后移除：

* 另外，UIWebView也被用于展示GIF图片，方法如下：

[webView loadData:gifData MIMEType:@"image/gif" textEncodingName:nil baseURL:nil];

需要注意的是，由于UIWebView的展示区域默认白色，也就是说如果GIF图为非矩形且底色不为白色，用UIWebView展示会出现白色边角。

小结：

获取网络状态的方法：通过IP地址验证，通过网址验证；同步请求应用在主线程中会导致界面"卡死"，一般开辟子线程使用同步请求；异步请求是通过设置委托，然后再通过代理方法获取接收状态，其不会导致线程堵塞；GET方式利用url和cookie传参，POST方式将参数放入body中；XML是一个树型结构，解析它的方法是按节点名或层次获取节点；ASIHTTPRequest是一个集成度很高的库，能够方便地进行数据上传与下载。

音频与视频

iOS SDK提供的媒体播放框架，可以快捷的播放本地、网络的音视频，并提供了很多常用功能，如载入、播放、暂停、停止等。

22.1音频

本地音频播放可以使用AVAudioPlayer，它可以通过一个本地URL或者音频数据来初始化：

AVAudioPlayer *player=[[AVAudioPlayer alloc]initWithContentsOfURL:url error:&error];

AVAudioPlayer *player = [[AVAudioPlayer alloc]initWithData:data error: &error];

音频播放器初始化完成后，需要先调用prepareToPlay，确保准备好的音频可以尽可能快地开始播放。这个方法会将音频数据载入缓冲区并初始化相关的硬件，如果直接调用play方法，则在播放前会有较大的延迟。

3个播放控制的方法如下：

- (void)pause;//暂停

- (void)stop;//停止

- (BOOL)play;//播放

注意，stop方法与一般使用的播放器的停止稍有不同，它只是清空最初用prepareToPlay方法建立的缓存数据，而播放时间未改变，也就是说如果不做任何处理，下次播放还是从这个时间点开始，可以通过在执行stop方法的同时，将currentTime设置为0来使音频重新播放。

设置音频音量调节使用volume属性，需要循环播放的音频可以设置循环次数(numberOfLoops)，注意，如果这个属性值设为任意负数，音频将无限次循环播放。

通过改变currentTime属性来设置播放时间，比如要实现快进快退的功能，可以通过音频总时间(duration)计算快进到的时间点，然后设置currentTime即可。

一个完整的音频初始化示例如下：

AVAudioPlayer *player=[[AVAudioPlayer alloc]initWithContentsOfURL:url error:&error];

player.delegate = self;

player.volume = 0.3;//设置播放音量

player.numberOfLoops = 2;//设置循环播放次数

player.currentTime = 3;//设置开始播放时间

[player prepareToPlay];//载入缓冲区

使用AVAudioPlayerDelegate代理方法可以监控音频的播放状态：

-(void)audioPlayerDidFinishPlaying:(AVAudioPlayer*)playersuccessfully:(BOOL)flag;//音频播放结束

-(void)audioPlayerDecodeErrorDidOccur:(AVAudioPlayer*)playererror:(NSError*)error;//音频解码失败

下面是一个自定义的带音效的按钮：

```
#import <UIKit/UIKit.h>
#import "AVFoundation/AVFoundation.h"
@class AVAudioPlayer;
@interface ClickSoundButton:UIButton<AVAudioPlayerDelegate>
@property (nonatomic,strong) AVAudioPlayer *player;
- (id)initWithFrame:(CGRect)frame soundUrl:(NSString *)_soundUrl;
@end
#import "ClickSoundButton.h"
#import "AVFoundation/AVFoundation.h"
@implementation ClickSoundButton


//参数加上一个url，可以给不同的按钮配置不同的声音
- (id)initWithFrame:(CGRect)frame soundUrl:(NSString *)_soundUrl
{
  if (self = [super initWithFrame:frame]) {
    self.player=[[[AVAudioPlayeralloc]initWithContentsOfURL:[NSURLURLWithString:[[NSBundlemainBundle]pathForAuxiliaryExecutable:_soundUrl]] error:nil] autorelease];//初始化播放器
    self.player.delegate = self;
    [self.player prepareToPlay];//载入缓存
    [selfaddTarget:selfaction:@selector(click:)forControlEvents:UIControlEventTouchUpInside];
  }
  return self;
}
- (void)click:(UIButton *)sender
{
// [self.player stop];
// [self.player setCurrentTime:0];
  //这句的作用是在按钮再次被点击的时候，让音效重新开始播放

  [self.player play];
// self.userInteractionEnabled = NO;//这一句的作用是在点击产生音效后，停止UIButton的交互，防止多次点击
}
- (void)audioPlayerDidFinishPlaying:(AVAudioPlayer *)player successfully:(BOOL)flag
{
  self.userInteractionEnabled = YES;//在音效播放完毕后，将按钮交互开启
```

```
}
- (void)dealloc
{
    self.player = nil;
    [super dealloc];
}
@end
```

注意，上例中注释掉的代码，在实际应用中可以根据需要配置需要的功能。

22.2 视频

视频与音频最大的区别在于它需要一个可视化的视频窗口，MPMoviePlayerController和MPMoviePlayerViewController提供了视频的播放界面。它们不同的地方在于，MPMoviePlayerViewController是继承UIViewController，这意味着他可以独立地作为一个视图控制器使用。

使用MPMoviePlayerController播放视频：

self.player = [[[MPMoviePlayerController alloc] initWithContentURL:movieURL] autorelease];//初始化播放器

self.player.controlStyle = MPMovieControlStyleDefault;

self.player.view.frame = CGRectMake(0, 0, 320, 300);//设定视频视图大小

[self.view addSubview:self.player.view];

[self.player play];

MPMoviePlayerController的使用方法和AVAudioPlayer基本相同，同样拥有prepareToPlay、play、pause、stop方法，不同的是，MPMoviePlayerController兼容了本地与网络视频，（它也可以用来播放网络和本地音频）。也就是说只要一个指向所支持的文件类型的源URL，剩下的工作都交由系统完成。支持的文件类型包括：MOV、MP4、MPV、M4V、3GP、MP3、AIFF和M4A。

MPMoviePlayerController的播放结束状态（视频播放完毕或用户点击退出），可以用通知捕捉（MPMoviePlayerPlaybackDidFinishNotification）。

＊注意，使用NSNotificationCenter添加了一个系统通知事件后，一定要在功能结束后移除。

下面是一个全屏的视频播放画面示例：

MPMoviePlayerController没有直接设置播放次数的方法，但是可以通过监控播放结束状态，设置currentTime属性来使视频循环播放。

MPMoviePlayerViewController的原理和MPMoviePlayerController基本一样（实际上它有一个属性，就是MPMoviePlayerController），同样地使用一个URL进行初始化，完成后使用控制器推送即可：

//使用MPMoviePlayerViewController播放视频

MPMoviePlayerViewController *playerVC = [[MPMoviePlayerViewController alloc]initWithContentURL:[NSURL URLWithString:mp4Path]];

[self presentMoviePlayerViewControllerAnimated:playerVC];

[playerVC release];

对比MPMoviePlayerController，它的使用更加方便，我们只需要负责初始化和推送，剩下的全部交由系统完成，这样做的前提是你需要将视频展示在一个独立的界面上。

小结：

使用AVAudioPlayer可以播放音频，它只能通过一个本地的url或者数据进行初始化，播放状态可以通过代理监控；结合自定义按钮的方法，可以给控件添加音效；MPMoviePlayerController可以播放本地或网络音频和视频，MPMoviePlayerViewController是一个独立的视频播放控制器。

高级动画

23.1 图层

本小节介绍图层的几何组成部分，以及它们之间的相互关系，同时介绍如何变换矩阵以产生复杂的视觉效果。

23.1.1 图层的坐标系

在iOS系统中，默认的坐标系统原点在图层的中心左上角地方，原点向右和向下为正值，坐标系的所有值都是浮点类型。每个图层定义并维护着自己的坐标系，它里面的全部内容都由此相关的坐标系指定位置。该准则同时适用于图层自己的内容和它的任何子图层，因为任何图层定义了它自己的坐标系。CALayer类提供相应的方法，用于从一个图层坐标系的点、矩形、大小值，转化为另一个图层坐标系相应的值。

一些基于图层的属性，通过使用单元坐标空间来测量它们的值。单元坐标空间指定图层边界的相对值，而不是绝对值。单元坐标空间给定的x和y的值总是在0.0到1.0之间。指定一个沿X轴的值为0.0的点，得到的是图层左边缘的一个点，而指定一个1.0的点，则是图层右边缘的一个点(对Y轴而言，如果是在iOS系统，则0.0对应于顶部的点，而1.0则是底部的点，而在MacOSX系统，得到的刚好相反，就如之前提到的坐标系不同一样)，而点(0.5, 0.5)则刚好是图层的中心点。

23.1.2 指定图层的几何

虽然图层和图层树与视图和视图树的结构在很多方面具有相似性，但是图层的几何却不同，它更加简单通俗。图层的所有几何属性，包括图层的矩阵变换，都可以隐式和显式动画。

下图显示可以在上下文中指定图层几何的属性：

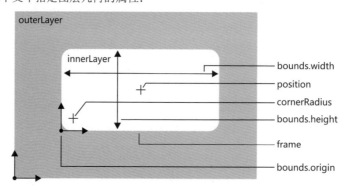

图层的position属性是一个CGPoint的值，它指定图层相对于它父图层的位置，该值基于父图层的坐标系。

图层的bounds属性是一个CGRect的值，指定图层的大小(bounds.size)和图层的原点(bounds.origin)。当你重写图层的重画方法的时候，bounds的原点可以作为图形上下文的原点。

图层拥有一个隐式的frame，它是position、bounds、anchorPoint和transform属性的一部分。设置新的frame将会相应地改变图层的position和bounds属性，但是frame本身并没有被保存。但是设置新的frame时候，bounds的原点不受干扰，bounds的大小变为frame的大小，即bounds.size=frame.size。图层的位置被设置为相对于锚点(anchor point)的适合位置。当你设置frame值的时候，它的计算方式和position、bounds和anchorPoint的属性相关。

图层的anchorPoint属性是一个CGPoint值，它指定了一个基于图层bounds的坐标系位置。锚点(anchor point)指定了bounds相对于position的值，同时也作为变换时候的支点。锚点使用单元空间坐标系表示，(0.0,0.0)点接近图层的原点，而(1.0,1.0)是原点的对角点。改变图层的父图层的变换属性(如果存在的话)将会影响到anchorPoint的方向，具体变化取决于父图层坐标系的Y轴。

当你设置图层的frame属性的时候，position会根据锚点(anchorPoint)相应地改变，而当你设置图层的position属性的时候，bounds会根据锚点(anchorPoint)作相应的改变。

*注意，以下示例描述基于Mac OS X的图层，它的坐标系原点基于左下角。在iOS上，坐标系原点位于左上角，原点向下和向右为正值。

下图描述了基于锚点的三个示例值：

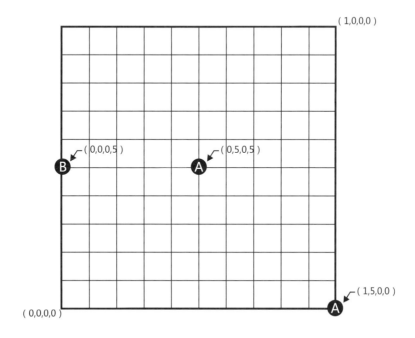

anchorPoint默认值是(0.5,0.5)，位于图层边界的中心点(如上图显示)，B点把anchorPoint设置为(0.0,0.5)。最后，C点(1.0,0.0)把图层的position设置为图层frame的右下角。

图层的frame、bounds、position和anchorPoint之间的关系，如下图所示：

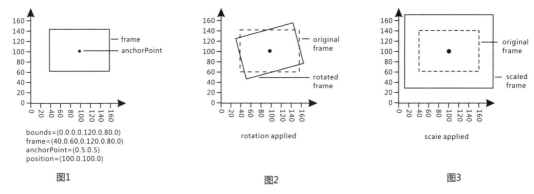

图1　　　　　　　　　　　　　　图2　　　　　　　　　　　　　　图3

在该示例中，anchorPoint默认值为(0.5, 0.5)，位于图层的中心点。图层的position值为(100.0, 100.0)，bounds为(0.0, 0.0, 120.0, 80.0)。通过计算得到图层的frame为(40.0, 60.0, 120.0, 80.0)。如果你新创建一个图层，则只有设置图层的frame为(40.0, 60.0, 120.0, 80.0)，相应的，position属性值将会自动设置为(100.0, 100.0)，而bounds会自动设置为(0.0, 0.0, 120.0, 80.0)。

下图显示一个图层具有相同的frame(如上图)，但是在该图中它的anchorPoint属性值被设置为(0.0, 0.0)，位于图层的左下角位置。

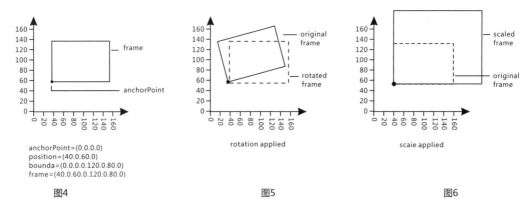

图4　　　　　　　　　　　　　　图5　　　　　　　　　　　　　　图6

图层的frame值同样为(40.0, 60.0, 120.0, 80.0)，bounds的值不变，但是图层的position值已经改变为(40.0, 60.0)。

图层的几何外形和Cocoa视图另外一个不同的地方是，你可以设置图层的一个边角的半径来把图层显示为圆角。图层的cornerRadius属性指定了重绘图层内容，剪切子图层，绘制图层的边界和阴影的时候来计算圆角的半径。

图层的zPosition属性值指定了该图层位于Z轴上面的位置，zPosition用于设置图层相对于图层的同级图层的可视位置。

23.1.3 图层的几何变换

图层一旦创建，你就可以通过矩阵变换来改变一个图层的几何形状。CATransform3D的数据结构定义一个同质的三维变换(4x4 CGFloat值的矩阵)，用于图层的旋转，缩放，偏移，歪斜和应用的透视。

图层的两个属性指定了变换矩阵：transform和sublayerTransform属性。图层的transform属性指定的矩阵结合图层的anchorPoint属性作用于图层和图层的子图层上面。图3显示在使用anchorPoint默认值(0.5,0.5)的时候，旋转和缩放变换如何影响一个图层。而图4显示了同样的矩阵变换在anchorPoint为(0.0,0.0)的时候如何改变一个图层。图层的sublayerTransform属性指定的矩阵只会影响图层的子图层，而不会对图层本身产生影响。

你可以通过以下的任何一个方法来改变CATransform3D的数据结构：

1）使用CATransform3D函数；

2）直接修改数据结构的成员；

3）使用键-值编码改变键路径。

CATransform3DIdentity是单位矩阵，该矩阵没有缩放、旋转、歪斜、透视。把该矩阵应用到图层上面,会把图层几何属性修改为默认值。

23.1.4 变换函数

使用变换函数可以在核心动画里面操作矩阵。你可以使用这些函数(如下表)去创建一个矩阵，一般后面用于改变图层或者它的子图层的transform和sublayerTransform属性。变换函数或者直接操作返回一个CATransform3D的数据结构。这可以让你能够构建简单或复杂的转换,以便重复使用。

Function	Use
CATransform3DMakeTranslation	Returns a transfrom that translates by '(tx,ty,tz)'.t'=[1000;0100;0010;tx ty tz 1].
CATransform3DTranslate	Translate 't' by '(tx,ty,tz)'and return the result:*t'=translate(tx,ty,tz)*t.
CATransform3DMakeScale	Returns a transform that scales by '(sx,sy,sz)':*t'=[sx000;0sy00;00sz0;0001].
CATransform3DScale	Scale 't' by '(sx,sy,sz)'and return the result:*t'=scale(sx,sy,sz)*t.
CATransform3DMakeRotation	Returns a transform that rotates by 'angle'radians about the vector '(x,y,z)'. If the vector has length zero the identity transform is returned.
CATransform3DRotate	Rotate 't' by 'angle'radians about the vector '(x,y,z)'and return the result.t'=rotation(angle,x,y,z)*t.

旋转的单位采用弧度(radians),而不是角度(degress)。以下两个函数,你可以在弧度和角度之间切换：

```
CGFloat DegreesToRadians(CGFloat degrees) {return degrees * M_PI/180;};
CGFloat RadiansToDegrees(CGFloat radians) {return radians * 180/M_PI;};
```

核心动画提供了用于转换矩阵的变换函数CATransform3DInvert。一般是用反转点内转化对象提供反向转换。当你需要恢复一个已经被变换了的矩阵的时候，反转将会非常有帮助。反转矩阵乘以逆矩阵值，结果是原始值。

变换函数同时允许你把CATransform3D矩阵转化为CGAffineTransform(仿射)矩阵，前提是CATransform3D矩阵采用如下表示方法。

Function	Use
CATransform3DMakeAffineTransform	Returns a CATransform3D with the same effect as the passed affine transform.
CATransform3DIsAffine	Returns YES if the passed CATransform3D can be exactly represented an affine transform.
CATransform3DGetAffineTransform	Returns the affine transform represented by the passed CATransform3D.

变换函数同时提供了可以比较一个变换矩阵是否是单位矩阵，或者两个矩阵是否相等的功能

Function	Use
CATransform3DIsIdentity	Rarturns YES if the transform is the identity transform.
CATransform3DEqualToTransform	Rarturns YES if the two transforms are exactly equal.

23.1.5 修改变换的数据结构

你可以修改CATransform3D的数据结构的元素为任何其他你想要的数据值。下面代码包含了CATransform3D数据结构的定义，结构的成员都在其相应的矩阵位置：

```
struct CATransform3D
    {
CGFloat m11, m12, m13, m14;
CGFloat m21, m22, m23, m24;
CGFloat m31, m32, m33, m34;
CGFloat m41, m42, m43, m44;
};
typedef struct CATransform3D CATransform3D;
```

下面的代码示例说明了如何配置CATransform3D的角度变换：

```
CATransform3D aTransform = CATransform3DIdentity;
aTransform.m34 = 1.0
```

23.1.6 通过键值路径修改变换

核心动画扩展了键-值编码协议，允许通过关键路径获取和设置一个图层的CATransform3D矩阵的值。下面的表描述了图层的transform和sublayerTransform属性的相应关键路径：

Field Key Path	Description
rotation.x	The rotation ,in radians,in the x axis.
rotation.y	The rotation ,in radians,in the y axis.
rotation.z	The rotation ,in radians,in the z axis.
rotation	The rotation ,in radians,in the z axis.This is identical to setting the rotation.z field.
scale.x	Scale factor for the x axis.
scale.y	Scale factor for the y axis.
scale.z	Scale factor for the z axis.
scale	Average of all three scale factors.
translation.x	Translate in the x axis.
translation.y	Translate in the y axis.
translation.z	Translate in the z axis.
translation	Translate in the x and y axis.Value is an NSSize or CGSize.

你不可以通过Objective-C的属性来设置结构域的值，比如下面的代码将会无法正常运行：
myLayer.transform.rotation.x=0;
替换的办法是，你必须通过setValue:forKeyPath:或者valueForKeyPath:方法，具体如下：
[myLayer setValue:[NSNumber numberWithInt:0] forKeyPath:@"transform.rotation.x"];

23.2 使用Core Animation Transitions

除了UIView动画以外，iPhone还支持Core Animation作为其QuartzCore架构的一部分。CoreAnimation API可为应用程序提供高度灵活的动画解决方案。具体说来，它的内置过渡功能可以实现UIView动画完全相同的视图到视图的变化。

Core Animation Transitions仅在实现中做了几个小小的变动，便丰富了UIView动画的内涵。而 CATransition只针对图层，不针对视图。图层是Core Animation与每个UIView产生联系的工作层面。使用Core Animation时，应该将CATransition应用到视图的默认图层([myView layer])，而不是视图本身。

有了这些过渡，你就无须像以前设置UIView动画那样通过UIView来设置参数。你只需建立一个 Core Animation对象，设置它的参数，然后把这个带着参数的过渡添加到图层即可。

CATransition * animation = [CATransition animation];

```
animation.duration=1.0f;
animation.timingFunction = UIViewAnimationCurveEaseInOut;
animation.type=kCATransitionMoveIn;
animation.subtype=kCATransitionFromTop;//有4个方向可选:
kCATransitionFromRight、kCATransitionFromLeft、
kCATransitionFromTop、kCATransitionFromBottom。
[myView exchangeSubviewAtIndex:0 withSubviewAtIndex:1]; //在此处进行视图层次的切换
[myView.layer addAnimation:animation forkey:@"move in"];
```

在此处，动画使用了类型和子类型两个概念。类型指定了过渡的种类，子类型设置了过渡方向，它们一起描述了视图应该怎样完成过渡。Core Animation Transition和上一节中讨论的UIViewAnimationTransitions截然不同。Cocoa Touch提供了4种Core Animation过渡类型，这些可用的类型包括：KCATransitionFade（交叉淡化过渡，新视图逐渐显示在屏幕上，旧视图逐渐淡出视野）、KCATransitionMoveIn（新视图移到旧视图上面，盖在上面）、KCATranstionPush（新视图将旧视图推出去）、KCATransitionReveal（将旧视图移开，显示出下面的新视图）。后面3种类型支持使用它们的子类型指定过渡的运动方向，第一种交叉淡化不存在方向性，也不需要使用子类型。

苹果还有一些私有的动画类型，如：@"cube"，@"suckEffect"，@"oglFlip"，@"rippleEffect"，@"pageCurl"，@"pageUnCurl"，@"cameraIrisHollowOpen"，@"cameraIrisHollowClose"。如果您使用了私有动画类型，将会面临无法通过AppStore审核的问题。

因为Core Animation是QuartzCore架构的一个组成部分，因此你必须将Quartz Core架构添加到项目中，并且在使用这些功能时将<QuartzCore/QuartzCore.h> 包含进你的代码中。

23.3 深入了解Core Animation

23.3.1 基本概念

什么是Animation（动画），简单点说就是在一段时间内，显示的内容发生了变化。对CALayer来说，就是在一段时间内，其Animatable Property发生了变化。从CALayer（CA = Core Animation）类名来看，就可以看出iOS的Layer就是为动画而生的，以便于实现良好的交互体验。这里涉及两个东西：一是Layer（基类CALayer），一是Animation（基于CAAnimation），Animation作用于Layer。CALayer提供了接口，用于给自己添加Animation。用于显示的Layer本质上讲是一个Model，包含了Layer的各种属性值。Animation则包含了动画的时间、变化，以及变化的速度。下面分别详细讲解Layer和Animation相关知识。

23.3.2 CALayer及时间模型

我们都知道UIView是MVC中的View，UIView的职责在于界面的显示和界面事件的处理。每一个View的背后都有一个layer（可以通过view.layer进行访问），layer是用于界面显示的。CALayer属于QuartzCore框架，非常重要，但并没有想象中的那么好理解。我们通常操作的用于显示的Layer在Core Animation这层的概念中，其实担当的是数据模型Model的角色，它并不直接做渲染的工作。关于Layer，我们之前从坐标系的角度分析过，这次则侧重于它的时间系统。

1.Layer的渲染架构

Layer也和View一样存在着一个层级树状结构，称之为图层树(Layer Tree)。直接创建的或者通过UIView获得的(view.layer)用于显示的图层树，称之为模型树(Model Tree)，模型树的背后还存在两份图层树的拷贝，一个是呈现树(Presentation Tree)，一个是渲染树(Render Tree)。呈现树可以通过普通layer(其实就是模型树)的layer.presentationLayer获得，而模型树则可以通过modelLayer属性获得。模型树的属性在其被修改的时候就变成了新的值，这个是可以用代码直接操控的部分；呈现树的属性值和动画运行过程中，界面上看到的是一致的。而渲染树是私有的，你无法访问到，渲染树是对呈现树的数据进行渲染。为了不阻塞主线程，渲染的过程是在单独的进程或线程中进行的，所以你会发现Animation的动画并不会阻塞主线程。

2.事务管理

CALayer的那些可用于动画的(Animatable)属性，称之为Animatable Properties。如果一个Layer对象存在对应着的View，则称这个Layer是一个Root Layer，非Root Layer一般都是通过CALayer或其子类直接创建的。下面的subLayer就是一个典型的非Root Layer，它没有对应的View对象关联着：

subLayer=[[CALayer alloc] init];

subLayer.frame=CGRectMake(0, 0, 300, 300);

subLayer.backgroundColor=[[UIColor redColor] CGColor];

[self.view.layer addSublayer:subLayer];

所有的非Root Layer在设置Animatable Properties的时候都存在着隐式动画，默认的duration是0.25秒。

subLayer.position=CGPointMake(300, 400);

像上面这段代码在下一个RunLoop开始的时候，并不是直接将subLayer的position变成(300, 400)的，而是有个移动的动画进行过渡完成的。

任何Layer的animatable属性的设置都应该属于某个CA事务(CATransaction)，事务的作用是为了保证多个animatable属性的变化同时进行，不管是同一个layer还是不同的layer之间的。

CATransaction也分两类：显式的和隐式的。当在某次RunLoop中设置一个animatable属性的时候，如果发现当前没有事务，则会自动创建一个CA事务，在线程的下个RunLoop开始时自动开启commit这个事务，如果在没有RunLoop的地方设置layer的animatable属性，则必须使用显式的事务。显式事务的使用如下：

[CATransaction begin];//此处加入动画代码

[CATransaction commit];

事务可以嵌套，当事务嵌套时候，只有当最外层的事务commit了之后，整个动画才开始。

我们可以通过CATransaction来设置一个事务级别的动画属性，以覆盖隐式动画的相关属性，比如覆盖隐式动画的duration，timingFunction。如果是显式动画没有设置duration或者timingFunction，那么CA事务设置的这些参数也会对这个显式动画起作用。

3.时间系统

CALayer实现了CAMediaTiming协议。CALayer通过CAMediaTiming协议实现了一个有层级关系的时间系统。除了CALayer，CAAnimation也采纳了此协议，用来实现动画的时间系统。

在CA中，有一个Absolute Time(绝对时间)的概念，可以通过CACurrentMediaTime()获得，其实这个绝对时间就是将mach_absolute_time()转换成秒后的值。这个时间和系统的uptime有关，系统重启后，CACurrentMediaTime()会被重置。

就和坐标存在相对坐标一样，不同的实现了CAMediaTiming协议的存在层级关系的对象，也存在相对时间，经常需要进行时间的转换，CALayer提供了两个时间转换的方法：

-(CFTimeInterval)converTime:(CFTimeInterval)t fromLayer:(CALayer *)1；

-(CFTimeInterval)converTime:(CFTimeInterval)t toLayer:(CALayer *)1；

现在来重点研究CAMediaTiming协议中几个重要的属性。

(1)beginTime

无论是图层还是动画，都有一个时间线Timeline的概念，它们的beginTime是相对于父级对象的开始时间。虽然苹果的文档中没有指明，但是通过代码测试可以发现，默认情况下所有的CALayer图层的时间线都是一致的，它们的beginTime都是0，绝对时间转换到当前Layer中的时间大小就是绝对时间的大小。所以对于图层而言，虽然创建有先后，但是它们的时间线都是一致的(只要不主动去修改某个图层的beginTime)，所以我们可以想象成所有的图层默认都是从系统重启后开始了它们的时间线的计时。

但是动画的时间线的情况就不同了。当一个动画创建好，被加入到某个Layer的时候，会先被拷贝一份出来用于加入当前的图层；在CA事务被提交的时候，如果图层中的动画的beginTime为0，则beginTime会被设定为当前图层的当前时间，使得动画立即开始。如果你想某个直接加入图层的动画稍后执行，可以通过手动设置这个动画的beginTime；但需要注意的是，这个beginTime需要为CACurrentMediaTime()+延迟的秒数，因为beginTime是指其父级对象的时间线上的某个时间，这个时候动画的父级对象为加入的这个图层，图层当前的时间其实为[layer convertTime:CACurrentMediaTime() fromLayer:nil]，其实就等于CACurrentMediaTime()，那么再在这个layer的时间线上往后延迟一定的秒数便得到上面的那个结果。

(2)timeOffset

这个timeOffset可能是这几个属性中比较难理解的一个，官方文档也没有讲的很清楚。local time也分成两种：一种是active local time，一种是basic local time。timeOffset则是active local time的偏移量。你将一个动画看作一个环，timeOffset改变的其实是动画在环内的起点，比如一个duration为5秒的动画，将timeOffset设置为2或者7，那么动画的运行则是从原来的2秒开始到5秒，接着再0秒到2秒，完成一次动画。

(3)speed

speed属性用于设置当前对象的时间流相对于父级对象时间流的流逝速度，比如一个动画beginTime是0，但是speed是2，那么这个动画的1秒处相当于父级对象时间流中的2秒处。speed越大则说明时间流逝速度越快，那动画也就越快。比如一个speed为2的layer其所有的父辈的speed都是1，它有一个subLayer，speed也为2，那么一个8秒的动画运行于这个subLayer只需2秒(8/(2 * 2))，所以speed有叠加的效果。

(4)fillMode

fillMode的作用就是决定当前对象过了非active时间段的行为。比如动画开始之前，动画结束之后。如果是一个动画CAAnimation，则需要将其removedOnCompletion设置为NO，要不然fillMode不起作用。下面来讲各个fillMode的意义：

1)kCAFillModeRemoved 这个是默认值，也就是说，当动画开始前和动画结束后，动画对layer都没有影响，动画结束后，layer会恢复到之前的状态。

2)kCAFillModeForwards 当动画结束后，layer会一直保持着动画最后的状态。

)kCAFillModeBackwards 这个和kCAFillModeForwards是相对的，就是在动画开始前，你只要将动画加入了一个layer，layer便立即进入动画的初始状态并等待动画开始。你可以这样设定测试代码，将一个动画加入一个layer的时候延迟5秒执行。然后就会发现在动画没有开始的时候，只要动画被加入了layer，layer便处于动画初始状态。

4)kCAFillModeBoth　理解了上面两个，这个就很好理解了，这个其实就是上面两个的合成。动画加入开始之前，layer便处于动画初始状态，动画结束后，layer保持动画最后的状态。

其他的一些参数都是比较容易理解的。

实际应用：

```
-(void)pauseLayer:(CALayer*)layer{
CFTimeInterval pausedTime=[layer convertTime:CACurrentMediaTime:CACurrentMediaTime()
fromLayer:nil];
    layer.speed = 0.0;
    layer.timeOffset = pausedTime;
}
-(void)resumeLayer:(CALayer*)layer {
CFTimeInterval pausedTime = [layer timeOffset];
    layer.speed = 1.0;
    layer.timeOffset = 0.0;
    layer.beginTime = 0.0;
CFTimeInterval timeSincePause = [layer convertTime:CACurrentMediaTime()
fromLayer:nil] - pausedTime;
    layer.beginTime = timeSincePause;
}
```

23.3.3 显式动画Animation

当需要对非Root Layer进行动画或者需要对动画做更多自定义的行为的时候，就必须使用到显式动画了，显式动画的基类为CAAnimation，常用的是CABasicAnimation, CAKeyframeAnimation。有时候还会使用到CAAnimationGroup, CATransition(注意不是CATransaction, Transition是过渡的意思)。

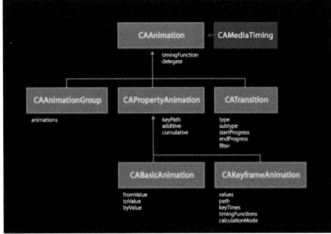

这里再强调关于动画的两个重要的点：一是中间状态的插值计算(Interpolation)，二是动画节奏控制(Timing)，有时候插值计算也和Timing有一定关系。如果状态是一维空间的值(比如透明度)，那么插值计算的结果必然在起点值和终点值之间；如果状态是二维空间的值(比如position)，那么一般情况下插值得到的点会落在起点和终点之间的线段上（当然也有可能连线是圆滑曲线）。

1.CABasicAnimation

不管是CABasicAnimation还是CAKeyframeAnimation都是继承于CAPropertyAnimation。CABasicAnimation有三个比较重要的属性，fromValue, toValue, byValue, 这三个属性都是可选的，但不能同时多于两个为非空。最终都是为了确定animation变化的起点和终点。设置了动画的起点和终点之后，中间的值都是通过插值方式计算出来的。插值计算的结果由timingFunction指定，默认timingFunction为nil，会使用liner，也就是变化是均匀的。

2.Timing Function的作用

Timing Function会被用于变化起点和终点之间的插值计算。形象点说是Timing Function决定了动画运行的节奏(Pacing)，比如是均匀变化(相同时间，变化量相同)，先快后慢，先慢后快，还是先慢再快再慢。

时间函数是使用一段函数来描述的，横坐标是时间，t取值范围是0.0-1.0，纵坐标是变化量，x(t)取值范围也是0.0-1.0 。假设有一个动画，duration是8秒，变化值的起点是a终点是b(假设是透明度)，那么在4秒处的值是多少呢？可以通过计算为a+x(4/8)*(b-a)，为什么这么计算呢？讲实现的时间映射到单位值的时候，4秒相对于总时间8秒就是0.5，然后可以得到0.5的时候单位变化量是x(0.5)，x(0.5)/1=实际变化量/(b-a)，其中b-a为总变化量，所以实际变化量就是x(0.5)*(b-a) ，最后4秒时的值就是a+x(0.5)*(b-a)，所以计算的本质是映射。

Timing Function对应的类是CAMediaTimingFunction，它提供了两种获得时间函数的方式，一种是使用预定义的五种时间函数，一种是通过给两个控制点得到一个时间函数，相关的方法为：

+(id)functionWithName:(NSString *)name;

+(id)functionWithControlPoints:(float)c1x :(float)c1y :(float)c2x :(float)c2y;

-(id)initWithControlPoints:(float)c1x :(float)c1y :(float)c2x :(float)c2y;

五种预定义的时间函数名字的常量、变量分别为：

kCAMediaTimingFunctionLinear,

kCAMediaTimingFunctionEaseIn,

kCAMediaTimingFunctionEaseOut,

kCAMediaTimingFunctionEaseInEaseOut,

kCAMediaTimingFunctionDefault。

下图展示了前面四种Timing Function的曲线图，横坐标表示时间，纵坐标表示变化量，这点需要搞清楚(并不是平面坐标系中的xy)。

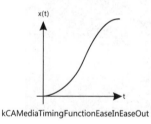

kCAMediaTimingFunctionEaseInEaseOut

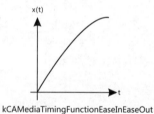

kCAMediaTimingFunctionEaseInEaseOut

自定义的Timing Function的函数图像就是一条三次贝塞尔曲线。贝塞尔曲线的优点就是光滑，用在这里就使得变化显得光滑。一条三次贝塞尔曲线可以由起点、终点，以及两个控制点决定。

上面的kCAMediaTimingFunctionDefault对应的函数曲线其实就是通过[(0.0，0.0)，(0.25，0.1)，(0.25，0.1)，(1.0，1.0)]这四个点决定的三次贝塞尔曲线，头尾为起点和终点，中间的两个点是控制点。

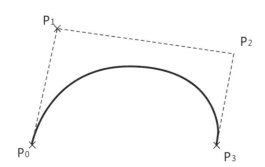

上图中P0是起点，P3是终点，P1和P2是两个控制点。如果时间变化曲线既不是直线也不是贝塞尔曲线，而是自定义的，又或者某个图层运动的轨迹不是直线而是一个曲线，那么这些是基本动画无法做到的，所以引入下面的内容——CAKeyframeAnimation，也即所谓的关键帧动画。

3.CAKeyframeAnimation

任何动画要表现出运动或者变化，至少需要两个不同的关键状态，而中间状态的变化可以通过插值计算完成，从而形成补间动画，表示关键状态的帧叫做关键帧。

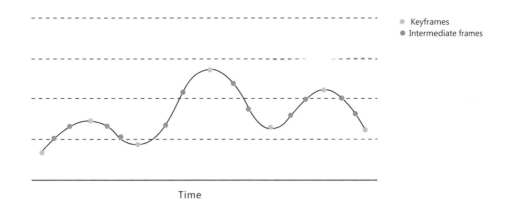

CABsicAnimation其实可以看作一种特殊的关键帧动画，只有头尾两个关键帧。CAKeyframeAnimation则可以支持任意多个关键帧。关键帧有两种方式来指定，使用path或者使用values，path是一个CGPathRef的值，且path只能对CALayer的anchorPoint和position属性起作用，且设置了path之后values就不再有效了，而values则更加灵活。keyTimes这个可选参数可以为对应的关键帧指定对应的时间点，其取值范围为0到1.0，keyTimes中的每一个时间值都对应values中的每一帧。

当keyTimes没有设置的时候，各个关键帧的时间是平分的。还可以通过设置可选参数timingFunctions（CAKeyframeAnimation中 timingFunction是无效的）为关键帧之间的过渡设置timingFunction，如果values有n个元素，那么timingFunctions则应该有n-1个。但很多时候并不需要timingFunctions，因为已经设置了够多的关键帧了，比如每1/60秒就设置了一个关键帧，那么帧率将达到60FPS，即完全不需要相邻两帧的过渡效果（当然，也有可能某两帧值相距较大，可以使用均匀变化或者增加帧率，比如每0.01秒设置一个关键帧）。

在关键帧动画中还有一个非常重要的参数，那便是calculationMode，计算模式其主要针对的是每一帧的内容为一个坐标点的情况，也就是对anchorPoint 和position进行的动画。当在平面坐标系中有多个离散的点的时候，可以是离散的，也可以直线相连后进行插值计算，也可以使用圆滑的曲线将它们相连后进行插值计算。calculationMode目前提供如下几种模式：

kCAAnimationLinear——calculationMode的默认值，表示当关键帧为坐标点的时候，关键帧之间直接直线相连并进行插值计算。

kCAAnimationDiscrete——离散的，就是不进行插值计算，所有关键帧直接逐个进行显示。

kCAAnimationPaced——使得动画均匀进行，而不是按keyTimes设置的或者按关键帧平分时间，此时keyTimes和timingFunctions无效。

kCAAnimationCubic——对关键帧为坐标点的关键帧进行圆滑曲线相连后的插值计算。对于曲线的形状还可以通过tensionValues，continuityValues，biasValues来进行调整自定义，这里的主要目的是使得运行的轨迹变得圆滑。

kCAAnimationCubicPaced——看这个名字就知道和kCAAnimationCubic有一定联系，其实就是在kCAAnimationCubic的基础上使得动画运行变得均匀，就是系统时间内运动的距离相同，此时keyTimes以及timingFunctions也是无效的。

23.3.4 CABasicAnimation的实际使用

使用CABasicAnimation动画时，你必须指定animationWithKeyPath，这是一个很长的字符串，下面是一些常用的键值：

transform.scale //比例转换

transform.scale.x //宽的比例转换

transform.scale.y // 高的比例转换

transform.rotation.z // 平面圆的旋转

transform.translation.x //平面横向位移

transform.translation.y //平面纵向位移

opacity // 透明度

margin

zPosition

backgroundColor

cornerRadius

borderWidth

bounds

contents

contentsRect

```
cornerRadius
frame
hidden
mask
masksToBounds
opacity
position
shadowColor
shadowOffset
shadowOpacity
shadowRadius
```

下面一段代码演示了图层纵向偏移的动画：

```
CABasicAnimation *theAnimation;
theAnimation=[CABasicAnimation animationWithKeyPath:@"transform.translation.y"];
theAnimation.delegate = self;
theAnimation.duration = 1;
theAnimation.repeatCount = 0;
theAnimation.removedOnCompletion = FALSE;
theAnimation.fillMode = kCAFillModeForwards;
theAnimation.autoreverses = NO;//这句代码表示是否动画回到原位
theAnimation.fromValue = [NSNumber numberWithFloat:0];
theAnimation.toValue = [NSNumber numberWithFloat:-60];
[self.view.layer addAnimation:theAnimation forKey:@"animateLayer"];
```

23.3.5 CAKeyframeAnimation的实际使用

一般使用的时候，首先通过animationWithKeyPath:方法创建一个CAKeyframeAnimation实例。

下面说一下CAKeyframeAnimation 的一些比较重要的属性：

1.path

这是一个CGPathRef对象，默认是空的，当我们创建好CAKeyframeAnimation的实例的时候，可以通过制定一个自己定义的path来让某一个物体按照这个路径进行动画。这个值默认是nil，当其被设定的时候values这个属性就被覆盖。

2.values

一个数组，提供了一组关键帧的值，当使用path的时候values的值自动被忽略。

下面是一个简单的例子，运行后它会先沿着直线移动，之后再沿着设定的曲线移动，完全按照我们设定的"关键帧"移动：

```
CGMutablePathRef path = CGPathCreateMutable();
//将路径的起点定位到(50,120)
CGPathMoveToPoint(path, NULL, 50.0, 120.0);
//下面5行添加5条直线的路径到path中
CGPathAddLineToPoint(path, NULL, 60, 130);
CGPathAddLineToPoint(path, NULL, 70, 140);
```

```
CGPathAddLineToPoint(path, NULL, 80, 150);
CGPathAddLineToPoint(path, NULL, 90, 160);
CGPathAddLineToPoint(path, NULL, 100, 170);
//下面4行添加四条路径到path中
CGPathAddCurveToPoint(path, NULL, 50.0, 275.0, 150.0, 275.0, 70.0, 120.0);
CGPathAddCurveToPoint(path, NULL, 150.0, 275.0, 150.0, 275.0, 70.0, 120.0);
CGPathAddCurveToPoint(path, NULL, 250.0, 275.0, 150.0, 275.0, 70.0, 120.0);
CGPathAddCurveToPoint(path, NULL, 350.0, 275.0, 150.0, 275.0, 70.0, 120.0);
//以"position"为关键字创建实例
CAKeyframeAnimation * animation = [CAKeyframeAnimation
animationWithKeyPath:@"position"];
//设置path属性
[animation setPath:path];
[animation setDuration:3.0];
[animation setAutoreverses:YES];
CFRelease(path);
[myView.layer addAnimation:animation forKey:NULL];
```

下面是一个利用values制作的动画:

```
CGPoint p1=CGPointMake(50, 120);
CGPoint p2=CGPointMake(80, 170);
CGPoint p3=CGPointMake(30, 100);
CGPoint p4=CGPointMake(100, 190);
CGPoint p5=CGPointMake(200, 10);
NSArray * values=[NSArray arrayWithObjects:[NSValue
valueWithCGPoint:p1], [NSValue valueWithCGPoint:p2], [NSValue
valueWithCGPoint:p3], [NSValue valueWithCGPoint:p4], [NSValue
valueWithCGPoint:p5], nil];
CAKeyframeAnimation * animation = [CAKeyframeAnimation
animationWithKeyPath:@"position"];
[animation setValues:values];
[animation setDuration:3.0];
[animation setAutoreverses:YES];
[myView.layer addAnimation:animation forKey:NULL];
```

在默认情况下,一帧动画的播放,分割的时间是动画的总时间除以帧数减去一。你可以通过下面的公式决定每帧动画的时间:

总时间/(总帧数-1)。

例如,如果你指定了一个5帧10秒的动画,那么每帧的时间就是2.5秒钟:10/(5-1)=2.5。你可以做更多的控制,通过使用keyTimes关键字,你可以给每帧动画指定总时间之内的某个时间点。通过设置属性keyTimes,能实现这个功能,这个属性是一个数组,其成员必须是NSNumber。这个属性的设定值要与calculationMode属性相结合,同时它们有一定的规则:

1)如果calculationMode设置为kCAAnimationLinear，在数组中的第一个值必须是0.0，最后一个值为1.0。插入值必须在这两个值中间。

2)如果calculationMode设置为kCAAnimationDiscrete，在数组中的第一个值必须为0.0。

3)如果calculationMode设置为kCAAnimationPaced或kCAAnimationCubicPaced，keyTimes数组将被忽略。

如果keyTimes的值不合法，或者不符合上面的规则，那么就会被忽略。

下面是示例代码：

```
[animationsetCalculationMode:kCAAnimationLinear];
[animationsetKeyTimes:[NSArrayarrayWithObjects:[NSNumbernumberWithFloat:0.0],[NSNumbernumberWithFloat:0.25],[NSNumbernumberWithFloat:0.50],[NSNumbernumberWithFloat:0.75],[NSNumber numberWithFloat:1.0],nil]];
```

23.3.6 CAAnimationGroup组合动画的使用

在做动画的时候，有时我们希望将几个动画叠加起来连续播放，使用CAAnimationGroup可以方便地将一连串的动画连接到一个组里面，让程序自动依次执行动画组里的动画。下面给出简单的演示代码：

```
//贝塞尔曲线路径
UIBezierPath *movePath = [UIBezierPath bezierPath];
[movePath moveToPoint:CGPointMake(10.0, 10.0)];
[movePath addQuadCurveToPoint:CGPointMake(100, 300) controlPoint:CGPointMake(300, 100)];

//关键帧动画（位置）
CAKeyframeAnimation * posAnim = [CAKeyframeAnimation animationWithKeyPath:@"position"];
posAnim.path = movePath.CGPath;
posAnim.removedOnCompletion = YES;

//缩放动画
CABasicAnimation *scaleAnim = [CABasicAnimation animationWithKeyPath:@"transform"];
scaleAnim.fromValue = [NSValue valueWithCATransform3D:CATransform3DIdentity];
scaleAnim.toValue = [NSValue valueWithCATransform3D:CATransform3DMakeScale(0.1, 0.1, 1.0)];
scaleAnim.removedOnCompletion = YES;

//透明动画
CABasicAnimation *opacityAnim = [CABasicAnimation animationWithKeyPath:@"alpha"];
opacityAnim.fromValue = [NSNumber numberWithFloat:1.0];
opacityAnim.toValue = [NSNumber numberWithFloat:0.1];
opacityAnim.removedOnCompletion = YES;
```

```
//动画组
CAAnimationGroup *animGroup = [CAAnimationGroup animation];
animGroup.animations = [NSArray arrayWithObjects:posAnim, scaleAnim, opacityAnim,
nil];
animGroup.duration = 1;
[imgView.layer addAnimation:animGroup forKey:nil];
```

小结：

　　在本章中我们深入了解了图层的几何，以及基于图层的动画。3D矩阵的操作比较复杂，需要进行大量的数学计算才能得到你想要的效果。对于初学者来说，运用好透视效果即可，我们平时可以从网上找一些感兴趣的3D动画研究下，看看人家是如何实现的，多看别人写的代码有助于你快速成为一个高手。

　　高级动画的使用相对于UIView动画来说复杂了一些，你需要做更多的细节操作，但是高度的灵活性带来的是更酷的动画效果。借助于3D矩阵的转换，可以制作出复杂的视觉变换动画，让用户印象深刻。

使用相册和照相机

UIImagePickerController是一个独立的控制器类，继承自UINavigationController类，因此它拥有UINavigationController相同的功能，但我们无法将它放入到我们自己的导航控制器栈中，它作为一个模态视图单独运行在你的界面之上，提供少量的属性和方法供我们使用，因此我们无法改变它的行为，只能做些简单的选取图片以及照相机的使用。

UIImagePickerController共有3种sourceType可选：

UIImagePickerControllerSourceTypePhotoLibrary——所有你能通过iPhone内置的照片应用看得到的，通过这个源类型都能显示出来。

UIImagePickerControllerSourceTypeSavedPhotosAlbum——仅包含用户通过摄像头拍摄的。

UIImagePickerControllerSourceTypeCamera——允许用户使用iPhone内置的摄像头拍照。

24.1 使用图像拾取器

下图是一个最基本的图像拾取器，先是一个相册的列表，通过选择不同的相册进入相应的展示界面。

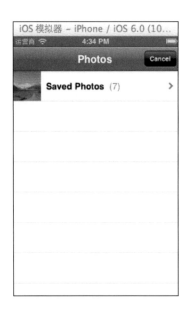
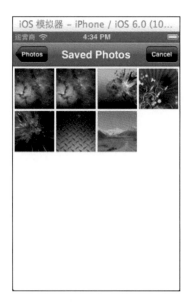

使用图像拾取器需要遵守两个协议：UINavigationControllerDelegate和UIImagePickerControllerDelegate。

下面的代码片段初始化了一个图像拾取器：

UIImagePickerController * mipc = [[UIImagePickerController alloc] init];

mipc.sourceType = UIImagePickerControllerSourceTypePhotoLibrary;//此处修改源类型

mipc.delegate = self;

mipc.allowsEditing = YES;//如果设置为NO，当用户选择了图片后不会进入图像编辑界面

[self presentModalViewController:mipc animated:YES];//弹出模态视图，进入拾取器界面。

当用户选择了某一张图片或编辑使用了某张图片后会回调以下方法：

-(void)imagePickerController:(UIImagePickerController*)pickerdidFinishPickingMediaWithInfo:(NSDictionary *)info;

我们可以通过第二个字典参数info得到有用的信息，按如下的方式可获取字典的具体值：

UIImage *uimage=[info objectForKey:@"UIImagePickerControllerOriginalImage"]

下面列出5个常用的字典键值：

UIImagePickerControllerMediaType——用户选择的媒体类型，得到的是一个NSSring的值，返回@"public.image"或者@"public.movie"，通过这个值我们就可以判断用户选取的是图片还是视频了。

UIImagePickerControllerOriginalImage——没有被编辑过的原始图像。

UIImagePickerControllerEditedImag——用户编辑过后的图像（allowsEditing属性设为YES，通过编辑得到的图像）。

UIImagePickerControllerGropRect——返回用户选择的图像区域，它作为一个NSRect数据类型返回。

UIImagePickerControllerMediaURL——返回一个媒体类型的NSURL。

当用户点击取消按钮的时候会调用下面的方法：

-(void)imagePickerControllerDidCancel:(UIImagePickerController *)picker;

用户选取了图片或者点击了取消以后，我们还需要添加退出图像拾取器的代码，否则将永远处于图像拾取器界面。需要添加的代码如下所示：

[self dismissModalViewControllerAnimated:YES];

上面的代码在iPhone上运行不会出现任何问题，但是如果你使用的是iPad，那么上面的代码就需要稍微改变一下了，我们需要通过iPad特有的UIPopoverController控制器来加载图像拾取器，代码如下：

UIImagePickerController * mipc=[[UIImagePickerController alloc] init];

mipc.sourceType=UIImagePickerControllerSourceTypePhotoLibrary;

mipc.delegate=self;

mipc.allowsEditing=YES;

UIPopoverController*pop=[[UIPopoverControlleralloc]initWithContentViewController:mipc];

self.popoverController=pop;

popoverController.delegate = self;

[popoverControllerpresentPopoverFromRect:CGRectMake(0,0,124,40)inView:senderpermittedArrowDirections:UIPopoverArrowDirectionUp animated:YES];

[mipc release];

```
[pop release];
```
当需要关掉拾取器的时候使用：[self.popoverController dismissPopoverAnimated:YES];

24.2 使用照相机

要使用照相机就必须在真机的环境下运行，模拟器暂不支持该功能，如果你在模拟器上运行照相机将会直接崩溃。使用照相机很简单，只需要将sourceType更改为UIImagePickerControllerSourceTypeCamera即可，别的代码都跟图像选取器的使用一模一样。

使用照相机的时候，我们可以使用默认的照相机界面，也可以完全使用自己定制的界面。要自定义界面，我们需要将showsCameraControls属性设置为NO；然后将自定义的UIView赋给cameraOverlayView属性。

下面列出了一些照相机的常用属性：

cameraDevice——更改摄像头，该属性有两个可选值

UIImagePickerControllerCameraDeviceRear为后置摄像头

UIImagePickerControllerCameraDeviceFront为前置摄像头。

takePicture——每调用一次该方法，就可以拍摄一张图像。

cameraFlashMode——该属性有三个可选值：UIImagePickerControllerCameraFlashModeOff（关闭闪光灯），UIImagePickerControllerCameraFlashModeAuto（自动模式），UIImagePickerControllerCameraFlashModeOn（打开闪光灯）。

如果需要将图像存入相册，可以使用如下代码：

UIImageWriteToSavedPhotosAlbum([infoobjectForKey:@"UIImagePickerControllerOriginalImage"], self, nil, nil);//这里将拍摄的原始图像存入相册。通过iPhone拍摄的原始图像很大，在早期的iPhone设备上，这个存储过程会花上将近两秒的时间。

24.3 图像的存储

很多时候我们需要将从相册得到的图像或者是拍照得到的图像存储到自己的应用程序文件目录里，将信息存储到Documents文件目录下可以长久保存数据，并且在iTunes更新应用的时候也会将Documents里的信息保留下来，可以使用下面的方法将图片存储到Documents文件目录下：

NSData*nData=[[NSData alloc]initWithData:UIImagePNGRepresentation(theimage)];

NSString*ImgFileName=[NSStringstringWithFormat:@"%@%@",NSHomeDirectory(),[self findSavePathPNG]];

[[NSFileManager defaultManager] createFileAtPath:ImgFileName contents:nData attributes:nil];

[nData release];

//下面这个方法返回一个可用的图片存储路径

```
-(NSString *)findSavePathPNG{
    int i=1;
    do {
        self.path=[[NSString alloc]initWithFormat:@"/Documents/MyPNG_%d.png", i++];
        }while([[NSFileManager defaultManager] fileExistsAtPath:[NSString
```

```
stringWithFormat:@"%@%@",NSHomeDirectory(),self.path]]);
    return self.path;
    }
```

24.4 图像的重构

图像处理的方法有很多，常用的图像处理包括构建缩略图，以及图片的裁剪。下面的代码演示了缩略图的构建：

```
CGSize size=CGSizeMake(100,100);// 把它设置成为当前正在使用的context
UIGraphicsBeginImageContext(size);  // 将图片绘制到指定的区域内
[img drawInRect:CGRectMake(0, 0, size.width, size.height)];  // 从当前context中创建
```
一个改变大小后的图片
```
UIImage* scaledImage = UIGraphicsGetImageFromCurrentImageContext();  // 使当前的
```
context出堆栈
```
UIGraphicsEndImageContext();
```
下面的代码演示了如何裁剪一个图像，得到你想要的区域：
```
CGImageRef subImageRef = CGImageCreateWithImageInRect
(image.CGImage, rect); //需要一个图像以及裁剪区域CGRect值
CGRect smallBounds = CGRectMake(0, 0, CGImageGetWidth(subImageRef),
CGImageGetHeight(subImageRef));
UIGraphicsBeginImageContextWithOptions(smallBounds.size,NO, 0.0);
CGContextRef context = UIGraphicsGetCurrentContext();
CGContextDrawImage(context, smallBounds, subImageRef);
UIImage* smallImage = [UIImage imageWithCGImage:subImageRef];
UIGraphicsEndImageContext();
CGImageRelease(subImageRef);
```

小结：

在本章中，我们学习了如何在iPhone、iPad上调用相册和使用照相机的功能。值得注意的是，iPhone和iPad在调用相册时候的区别。UIImagePickerController提供了很有限的属性和方法，导致我们无法高度定制相册选取的界面，因此我们需要使用更底层的代码来访问系统的相册图片。在本章中我们没有给出使用底层代码来访问图片的例子，这个留给读者自己去研究探索。

摄像头的高级使用都是基于底层代码实现的，比如视频聊天系统，这是个比较深入的研究课题，有兴趣的读者可以去研究下。

数据持久性

对于一个应用程序来说，肯定离不开数据的存储与读取，iOS提供了4种数据存储机制：属性列表、对象归档、SQLite和苹果提供的Core Data，本章我们将介绍如何使用这些存储机制。Core Data和SQLite3都属于本地数据库的操作，但是对于iOS开发来说，Core Data比起SQLite更为专业化，它将来自SQL的查询结合到了Objective-C的世界，功能更为强大，所以本章只介绍Core Data的使用，SQLite不作为本章的讨论内容。

25.1 应用程序的沙盒

出于安全的考虑，iOS应用程序只能在该程序创建的文件系统中读取数据，你无法访问到别的应用程序数据，该文件区域称为沙盒。你的所有非代码文件都将保存在沙盒之内，如果你试图使用代码访问沙盒之外的文件或者将你自己的文件写入到沙盒之外，那么你将无法通过AppStore的审核。

下面我们来看一下模拟器的沙盒文件夹在电脑上的位置，首先我们选择Finder，然后选择左上角的"前往"菜单，然后在下拉列表里面选择"前往文件夹"，在弹出的对话框里面输入"~/Library/Application Support/iphone simulator"，点击前往后将会看到如下的界面（在这里我们选择6.0的模拟器，Applicaitions文件夹里面存放的就是你在模拟器上运行的所有应用程序的沙盒文件夹，它们的名字很长，都是由Xcode自动生成的，在实际的设备上，你的应用程序文件的路径跟模拟器是相似的）：

我们选中其中一个后，可以看到如下图所示的界面：

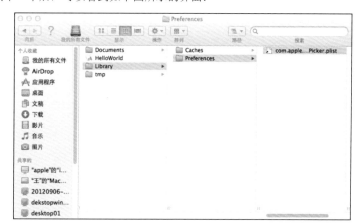

在这个界面我们可以看到共有3个文件夹：Documents、Library和temp，因此我们只能在这几个目录下读写文件：

1）Documents：大多数情况下我们都将数据写入该目录，该目录中的数据能够与iTunes共享并访问，iTunes备份和恢复的时候会包括此目录。

2）Library/Preferences：这个目录包括应用程序的偏好设置文件，比如使用NSUserDefault类操作的文件。

3）Library/Caches：存放缓存文件。

4）temp：存放临时文件的地方，当iPhone重启时，会丢弃该目录里所有的文件。

25.2 获取文件路径

我们现在已经知道了沙盒中有哪些文件目录，但是我们该怎样去获得这些文件目录的完整路径呢？实际上这是件很容易的事情，我们只需要使用如下的方法：

NSArray*paths=NSSearchPathForDirectoriesInDomains
(NSDocumentDirectory,NSUserDomainMask,YES);
NSString * myDocuments=[paths objectAtIndex:0];

常量NSDocumentDirectory表明我们正在查找Documents目录的路径，第二个常量表明我们将搜索范围限制在沙盒中。通过搜索函数返回一个Documents路径的数组，我们知道每个应用程序只有一个Documents目录，所以直接取数组第0个元素即可得到一个完整的Documents路径。

还有一种获取Documents路径的方法，如下面代码所示：

NSString *myDocuments=[NSString stringWithFormat: @"%@/Documents",NSHomeDirectory()];

NSHomeDirectory()函数取得应用程序的根目录，然后通过字符串拼接得到Documents的目录。

我们可以通过在检索得到的路径的尾部加上一个字符串来创建一个文件名，用于执行写入和读取操作。NSString提供了这样的一个方法，如下所示：

NSString * fileName=[myDocuments stringByAppendingPathComponent:@"myFile.plist"];

通过这样的方法我们就在Documents目录下成功创建了一个名为myFile.plist的plist文件。

想要获取tmp目录可以通过NSTemporaryDirectory()函数方便地得到完整的tmp目录路径：

```
NSString * myTmp=NSTemporaryDirectory();
```
    tmp目录下的数据操作和Documents完全一样，因此后面的内容只讨论Documents目录下的数据操作。

25.3 属性列表序列化

    属性列表序列化就是将数组或者字典转换成属性列表，然后对象序列化后被转成字节流，最后被存储到文件中。通常我们将可序列化的对象放置到数组或者字典中，然后通过writeToFile:atomically方法将数组或字典写入到具体的文件中。不是所有对象都可以被序列化，下面列出可以被序列化的Objective-C对象：

    NSArray、NSMutableArray、NSDictionary、NSMutableDictionary、NSData、NSMutableData、NSString、NSMutableString、NSNumber、NSDate。

    如果你使用了这些对象，那么你可以轻松地将这些数据写入到文件，如下所示：

    [NSArray writeToFile:fileName atomically:YES];

    将atomically参数设置为YES后，写入文件的时候会先创建一个副本文件，当数据存储完毕后，副本文件将替换原文件，这样做的好处就是在数据存储过程中即使出现崩溃，也不会破坏原文件数据。

    说完了存储，接下来就是如何读取属性列表了。如果你之前是通过数组进行数据存储的，那么读取数据的时候只需要如下所示代码即可：

    NSArray * array=[[NSArray alloc] initWithContentsOfFile:fileName];

    字典的读取跟数组类似。

    属性列表序列化实用且易于使用，但是它的限制就是不能序列化自定义的对象，下面一节我们将讨论更为强大的存储方式——对象归档。

25.4 对象归档

    对象归档就如我们平常使用的文件压缩和解压缩过程一样，使用对象归档技术可以将自定义的复杂的对象直接写入文件，然后再从文件中读取。只要你归档的类对象中的每个属性都是符合NSCoding协议，你就可以对你的类对象进行完整归档，虽然大部分的UIKit对象已经支持NSCoding，但有些如UIImage对象不符合NSCoding协议也就无法归档。

25.4.1 遵守并实现NSCoding

    要支持归档，对象必须遵守并实现NSCoding协议，该协议有两个方法组成：一个用于将对象的属性进行编码，而另一个用来解码归档并读取属性。

    我们先来看一下第一个方法：

```
- (void)encodeWithCoder:(NSCoder *)encoder {
    [encoder encodeObject:field1 forKey:@"field1"];
    [encoder encodeObject:field2 forKey:@"field2"];
    [encoder encodeObject:field3 forKey:@"field3"];
    [encoder encodeObject:field4 forKey:@"field4"];
}
```

这个方法很简单，就是对对象里面的属性进行编码。该编码的方式为键/值编码，field1、field2、field3、field4为对象的属性值。如果要子类化某个也遵循NSCoding的类，还需要添加[super encodeWithCoder:encoder];

下面再看一下第二个方法：

```
- (id)initWithCoder:(NSCoder *)decoder {
    if (self = [super init]) {
        field1 = [[decoder decodeObjectForKey: @"field1"] retain];
        field2 = [[decoder decodeObjectForKey: @"field2"] retain];
        field3 = [[decoder decodeObjectForKey: @"field3"] retain];
        field4 = [[decoder decodeObjectForKey: @"field4"] retain];
    }
    return self;
}
```

当为某个具有超类且符合NSCoding的类实现NSCoding时，初始化的方法稍有不同。如下所示：

```
- (id)initWithCoder:(NSCoder *)decoder {
    if (self = [super initWithCoder:decoder]) {
        field1 = [[decoder decodeObjectForKey: @"field1"] retain];
        field2 = [[decoder decodeObjectForKey: @"field2"] retain];
        field3 = [[decoder decodeObjectForKey: @"field3"] retain];
        field4 = [[decoder decodeObjectForKey: @"field4"] retain];
    }
    return self;
}
```

实现了上述的两个方法后，就可以将对象的属性进行编码解码了。

25.4.2 对对象进行归档

归档的实现也很简单，首先需要创建一个NSMutableData实例，然后创建一个NSKeyedArchiver实例，用于将对象归档到创建的NSMutableData实例中，最后将NSMutableData实例写入到文件中，下面看一下具体的代码实现：

```
MyClass * aClass = [[MyClass alloc] init];
aClass.field1 = @"1";
aClass.field2 = @"2";
aClass.field3 = @"3";
aClass.field4 = @"4";

NSMutableData * data = [[NSMutableData alloc] init];
NSKeyedArchiver * archiver = [[NSKeyedArchiver alloc]
                                 initForWritingWithMutableData:data];
[archiver encodeObject:aClass forKey:@"aClassData"];
[archiver finishEncoding];//结束归档
```

```
[data writeToFile:fileName atomically:YES];
[aClass release];
[archiver release];
[data release];
```

25.4.3 读取归档的数据

要得到归档中的数据，我们只需要将归档的步骤反过来操作就可以了，我们先从文件中获取到NSData实例，然后创建一个NSKeyedUnarchiver实例并对数据解码，最后使用归档时用的密钥进行对象的读取：

```
NSData*data=[[NSMutableData alloc] initWithContentsOfFile:fileName];
NSKeyedUnarchiver*unarchiver=[[NSKeyedUnarchiver alloc] initForReadingWithData:data];
MyClass * aClass = [unarchiver decodeObjectForKey:@"aClassData"];//此处创建的对象
将会被自动释放，如果需要在该方法之外调用，则需要retain该对象
[unarchiver finishDecoding];
[unarchiver release];
[data release];
```

25.5 文件管理

前面介绍的创建文件都是使用的writeToFile:atomically方法，通过这种方法只能做些很简单的数据存储，无法对文件做高级操作。iOS提供一个更专业的文件管理类：NSFileManager，它是以单例的形式存在着。它提供了一套完整的文件管理机制，它可以移动、复制和删除文件等，以及在系统中查询文件的属性和所有权。

在开发过程中我们会经常用到这个类，下面列出一些常用的文件操作方法：

1) -(NSData *)contentsAtPath:(NSString *)path //从一个文件读取数据

2) -(BOOL)createFileAtPath:(NSString*)path contents:(NSData*)data attributes:(NSDictionary*)attr //将数据写入一个文件

3) -(BOOL)copyItemAtPath:(NSString*)srcPath toPath:(NSString*)dstPath error:(NSError **)error //复制文件

4) -(BOOL)moveItemAtPath:(NSString*)srcPath toPath:(NSString*)dstPath error:(NSError **)error //移动文件

5) -(BOOL)removeItemAtPath:(NSString *)path error:(NSError **)error //删除文件

6) -(BOOL)contentsEqualAtPath:(NSString *)path1 andPath:(NSString *)path2 //比较两个文件的内容

7) -(BOOL)fileExistsAtPath:(NSString *)path //判断文件是否存在

25.6 Core Data的使用

从3.0 SDK开始，苹果开始把Core Data移植到了iPhone中。它是一款稳定、功能全面的持久性工具，它简化了应用程序创建和使用托管对象的方式。在3.0 SDK之前，所有数据管理和SQL访问都是基于低级库来完成，使用起来很不方便，现在Core Data提供了一个基于对象管理的数据库操作解决方案。关于完整的Core Data介绍不在本章的范围之内，在这里只简述下常用的一些技巧，接下来我们会一步步教你如何使用Core Data。

首先，我们新建一个工程，如下图所示：

勾选Use Core Data（勾选此项后，工程将自动添加相关的Core Data代码和库文件；如果不勾选的话，需要我们手动添加相关代码和库文件）。点击Next后，将会看到如下图所示的界面：

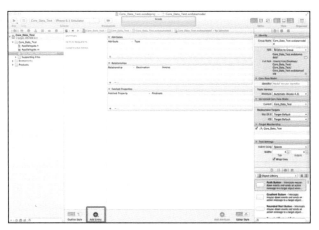

我们可以看到工程目录里多了一个Core_Data_Test.xcdatamodeld的文件，这个文件就是Core Data的数据模型文件，通过这个可视化的模型界面，可以方便地创建、删除和修改数据表。

接下来我们开始创建表，点击Add Entity按钮添加一张表，在这里我们添加了一张Student表。

在Student表里面我们添加了3个字段：age、gender、name。每个attribute都需要选择对应的Type，否则会报错。

接下来我们就可以生成Student表的关联类，在代码中我们只需要操作这个类，底层的数据库交互都将由Core Data帮我们自动处理。

点击Editor菜单项，选择Create NSManagedObject Subclass，出现下面的界面：

如果勾选Options选项，表示如果你有一个整形数据，在数据库中存储的是NSNumber，它使这个property会返回int。如果数据是float，则返回为float，而不是NSNumber*，会相当酷，但是要谨慎，因为NSDate是一个NSTime类型的时间差，它是距1970年的秒数，或许不如NSDate好，你得到的可能不是你想要的。然后点击Create，此时在左侧的目录里可以看到添加的Student.h和Student.m文件。这里有一点需要注意的是，每当你修改了表的结构后，必须要重新生成关联类文件。

上述步骤做完后就是具体的代码实现了，下面用代码演示如何对数据表进行查、增、删：

1.查询数据

```
NSFetchRequest * request = [[NSFetchRequest alloc] init];//创建一个搜索请求
NSEntityDescription * entity = [NSEntityDescription entityForName:@"Student"
inManagedObjectContext:managedObjectContext];
[request setEntity:entity];
NSSortDescriptor * sortDescriptor = [[NSSortDescriptor alloc] initWithKey:@"age"
ascending:YES];//设置查询结果的排序方法,yes-升序
NSArray * sortDescriptors = [[NSArray alloc] initWithObjects:sortDescriptor, nil];
[request setSortDescriptors:sortDescriptors];
[sortDescriptor release];
[sortDescriptors release];

request.predicate=[NSPredicate predicateWithFormat:@"name contains %@",@"王"];//该方
法添加查询条件，如果不需要可以不设置

NSError * error = nil;
NSMutableArray * mutableFetchResults = [[managedObjectContext
executeFetchRequest:request error:&error] mutableCopy];
if (mutableFetchResults == nil)
{
    //Handle the error.
```

```
    }
    NSMutableArray * theArray=[[NSMutableArray alloc] initWithArray:mutableFetchResults];
    [mutableFetchResults release];
    [request release];
```

上面的代码基本都是固定的使用格式，最后得到的theArray就是从数据库查询得到的对象数组。然后使用(Student *)[theArray objectAtIndex:0]).name可以得到第一个Student对象的name属性值，其他字段值都使用相同的方法获取。

2.增加数据

```
    Student*event=(Student*)[NSEntityDescription  insertNewObjectForEntityForName:  @"
Student"inManagedObjectContext: managedObjectContext];
    [Event setName:@"张三"];
    [Event setAge:@"18"];
    [Event setGender:@"男"];
```

3.删除数据

```
    for (id obc in theArray) {
        NSManagedObject *eventToDelete = obc;
        [aClass.managedObjectContext deleteObject:eventToDelete];
      NSError *error = nil;
        if (![aClass.managedObjectContext save:&error])
        {
        //Handle the error.
        }
    }
```

这个for循环将删除表中的所有数据。

至此，简单的Core Data使用就介绍完了。Core Data的功能远不止这些，本节的介绍只是给读者一个起点，更多的知识可以通过专门的Core Data书籍去探索和了解。

小结：

　　本章我们学习了日常开发中常用的几种数据存储方式，大多数情况下，对于轻量级的数据存储，我们只需要使用属性列表序列化方式就可以了，使用起来简单且不易出错。当我们需要存储自定义对象的时候就需要使用对象归档方式，使用对象归档时不要忘了添加并实现NSCoding协议。使用Core Data的最大优势在于对大数据量的操作，使用数据库读取和存储数据是效率最快的，并且可以按条件查询数据。我们平时几乎很少会涉及到大量数据的存储，因为iPhone和iPad的可存储空间是很少的，我们应该尽量为用户节约有限的存储空间，当你存储了太多的图片或者音视频的时候，最好添加一个清除缓存文件的功能。

多线程

26.1 线程与多线程

　　线程是系统对代码的执行进程，如果将系统当做一个员工，被安排执行某个任务的时候，他不会对任何其他的任务作出响应。只有当这个任务执行完毕，才可以重新给他分配任务。每一个程序都有一个主线程，负责执行程序必要的任务。

　　当我们处理一个消耗大的任务（如上传或下载图片），如果让主线程执行这个任务，它会等到动作完成，才继续后面的代码。在这段时间之内，主线程处于"忙碌"状态，也就是无法执行任何其他功能。体现在界面上就是，用户的界面完全"卡死"。

　　多线程是指，将原本线性执行的任务分开成若干个子任务同步执行，这样做的优点是防止线程"堵塞"，增强用户体验和程序的效率。缺点是代码的复杂程度会大大提高，而且对于硬件的要求也相应地提高。

26.2 开辟子线程

　　开辟子线程的方法：

　　[NSThread detachNewThreadSelector:@selector(postData:) toTarget:self withObject:data];

　　方法的3个参数分别对应线程的方法，执行者和参数。用这种方式初始化完成时，线程就已经启动。注意，这个方法没有返回值，意味着无法对这个线程做其他处理，比如停止线程，它只能在工作完成后自动结束。如果需要可以控制的线程，可以用下面的方法：

　　NSThread *thread = [[NSThread alloc]initWithTarget:self selector:@selector(postData) object:nil];

　　这样初始化的线程需要调用start方法开始，如果要停止线程使用cancel方法（注意，不能直接release）。

　　在iOS SDK中，根类NSObject拥有直接开辟线程的方法，所有的对象都能使用下面的方法开辟子线程：

　　[object performSelectorInBackground:@selector(doSomething) withObject:nil];

　　这个方法和NSThread的类方法初始化一个线程几乎完全一样。

　　不同的是，它可以用NSObject的类方法停止：

　　[NSObject cancelPreviousPerformRequestsWithTarget:object];//停止所有该对象开辟的线程

[NSObject cancelPreviousPerformRequestsWithTarget:object selector:@selector(doSomething) object:nil];//停止某个线程

开辟一个线程都是为了执行某个任务，这个过程可能包含一个或多个方法。注意，在子线程中，我们无法将对象添加到主线程的自动释放池，不过可以使用在线程中初始化的自动释放池：

```
- (void)doSomething
{
    NSAutoreleasePool *pool = [[NSAutoreleasePool alloc]init];
    //doSomething
    [pool release];
}
```

26.3 定时器NSTimer

使用定时器可以执行某些需要定时执行的任务，NSTimer的简单用法如下：

NSTimer timer=[NSTimer scheduledTimerWithTimeInterval:1 target:selfselector:@selector(doSomething) userInfo:nil repeats:YES];

在添加NSTimer事件时，传入的对象会被retain，对应的，执行完毕后会release。设定了定时器后，如果设置了事件重复执行，target参数传入的对象会每隔一段时间执行一次选择器的方法，这种情况下需要尤其注意内存的使用，当我们在视图移除或者控制器返回时一定要停止不必要的NSTimer事件。

26.4 通知

使用多线程时，在子线程中如果要与主线程通信，可以使用NSObject的实例方法：

[object performSelectorOnMainThread:@selector(doSomething)withObject:nil waitUntilDone:NO];

在开发过程中，很多时候要在不同对象之间进行消息传递，使用委托或者单例都略微复杂，在cocoa中提供了NSNotificationCenter类可以很方便地处理这类事件，我们称之为消息中心。

简单地描述通知的流程，X与Y两个对象需要进行消息传递，Y负责决定什么时候发送这个消息，而X负责在接到通知后作出响应：

1.通过NSNotificationCenter添加对X对象的通知。

[NSNotificationCenter defaultCenter] addObserver: selfselector:@selector(doSomething) name:@"doSomething" object:nil];

2.X实现doSomething方法。

3.Y在适当的时候触发这个通知，消息中心发送消息，通知X对象去执行。

[[NSNotificationCenter defaultCenter] postNotificationName:@"doSomething" object:nil];

4.通知事件完成后，移除。

[[NSNotificationCenter defaultCenter] removeObserver:self name:@"doSomething" object:nil];

* 必须注意的是，NSNotificationCenter添加一个消息，并不会对observer进行retain，但是

　　除了自己添加的通知，我们也会经常用到系统的消息。如播放视频结束的通知（MPMoviePlayerPlaybackDidFinishNotification）、键盘弹出的通知（UIKeyboardWillShowNotification）、UITextField开始编辑的通知（UITextFieldTextDidBeginEditingNotification）等，这些通知由系统自动发送，但是依然要完成上述步骤中的第1、2、4步。

小结：

　　本章介绍了多线程及通知，以及它们的基本用法：线程是系统对代码的执行进程，多线程是将原本线性执行的任务分成若干个同步执行；使用NSThead类可以开辟线程，NSObject实例可以快速开辟线程；添加NSTimer事件，需要注意内存，在非必要的时候移除；建立一个通知需要发起者、消息中心和响应者，在结束后需要移除通知。

地图

MKMapView类提供了交互式的地图，它可以将某一个区域的实景图展示到应用程序的界面，并根据需要放大和缩小。

27.1 定位

MKMapKit提供了showsUserLocation属性设置用户位置的显示，只需要将它设为YES即可实现定位。无论何时或者是否设置这个属性，地图都会通过CoreLocation查找设备的当前位置，如果该属性为YES，地图会继续跟踪并定期更新设备位置。

除了使用MKMapKit的属性进行定位外，我们还可以直接使用CoreLocation进行定位：

```
_manager = [[CLLocationManager alloc]init];
if ([_manager locationServicesEnabled]) {
    _manager.delegate = self;
    [_manager startUpdatingLocation];
}
```

通过这个方法开始进行定位后，可以通过CLLocationManagerDelegate的代理方法获取经纬度：

```
- (void)locationManager:(CLLocationManager *)manager didUpdateToLocation:(CLLocation *)newLocation fromLocation:(CLLocation *)oldLocation
```

参数newLocation就是获取到的经纬度，这个方法会在开始定位后多次回调，如果不需要，可以通过[_manager stopUpdatingLocation]方法停止定位。

27.2 地图视图

MKMapView通过一个指定的frame初始化，我们可以通过设置region属性来设置显示区域：

```
//初始化
MKMapView *map = [[MKMapView alloc]initWithFrame:[UIScreen mainScreen].bounds];
//设定显示范围
MKCoordinateSpan theSpan;
theSpan.latitudeDelta = 0.1;
theSpan.longitudeDelta = 0.1;
MKCoordinateRegion theRegion;
theRegion.span = theSpan;
```

map.region = theRegion;

上例中将显示范围设定为0.1*0.1度的范围。

下面是一个北京地图天安门附近MKMapView的视图：

27.3 地图注解

iOS SDK没有提供专门的地图注解类，但是它给出了一个MKAnnotation协议，我们需要自定义一个符合该协议的类，才能给地图添加注解。支持这个协议的对象需要一个必要属性coordinate属性，和两个可选属性title和subtitle。下面是一个自定义的地图注解类：

```
#import "MapKit/MapKit.h"
@interface RMAnnotation:NSObject<MKAnnotation>
@property (nonatomic,assign) CLLocationCoordinate2D coordinate;
@property (nonatomic,strong) NSString *title;
@property (nonatomic,strong) NSString *subtitle;
@end

@implementation RMAnnotation
@synthesize coordinate,title,subtitle;
- (id)init
{
```

```
        self = [super init];
        if (self) {
            // Initialization code
            self.title = @"hello! ";
            self.subtitle = @"It is a map! ";
        }
        return self;
    }
    - (void)dealloc
    {
        [title release];
        [subtitle release];
        [super dealloc];
    }
@end
```

将地图注解添加到地图上只需要初始化一个注解对象，然后用MKMapView添加即可：

```
RMAnnotation *an = [[RMAnnotation alloc]init];
an.coordinate = coordinate;
[map addAnnotation:an];
[an release];
```

地图上添加一个注解示例：

类似的方法还有：

(void)addAnnotations:(NSArray *)annotations;//批量添加注解

移除注解使用：

- (void)removeAnnotation:(id)annotation;//单个移除

- (void)removeAnnotations:(NSArray *)annotations;//批量移除

27.4 自定义地图注解

通常，我们不在地图视图上添加任何其他视图，自定义地图注解的方法是在添加注解后，改变原有的注解视图。

使用addAnnotation或addAnnotations添加地图注解后，在地图构建了视图并将其添加到地图上时，会回调下面的方法：

(void)mapView:(MKMapView*)mapView didAddAnnotationViews:(NSArray*)views

我们需要设置一个委托，并声明MKMapViewDelegate协议。接收到回调后，注解视图通过参数views获取，可以遍历该数组来设置视图的pinColor或image来对注解视图进行更改。

下面是一个简单地改变注解颜色的示例：

```
- (void)mapView:(MKMapView *)mapView didAddAnnotationViews:(NSArray *)views
{
    for (MKPinAnnotationView *view in views) {
        if ([view isKindOfClass:[MKPinAnnotationView class]]) {
            view.pinColor = MKPinAnnotationColorGreen;
        }
    }
}
```

效果如下：

MapKit提供了3种颜色：红色MKPinAnnotationColorRed、绿色MKPinAnnotationColorGreen、紫色MKPinAnnotationColorPurple。注意，上例中，我们先对注解视图的类型作了判定，实际上是因为，如果设置了showsUserLocation属性，这个方法会在获取到设备位置后回调，所以需要将这种情况排除。

另外，如果要获取当前地址的详细信息，可以使用CLGeocoder类的实例方法：

```
CLGeocoder *geocoder = [[CLGeocoder alloc] init];
[geocoder reverseGeocodeLocation: newLocation completionHandler:^(NSArray *array,
NSError *error) {
        if (array.count > 0) {
            CLPlacemark *placemark = [array objectAtIndex:0];
            NSString *country = placemark.ISOcountryCode;
            NSString *city = placemark.locality;
            NSLog(@"%@,%@,%@",placemark,country,city);
        }
}];
```

参数array返回所有符合条件的详细信息。

小结：

本章介绍了苹果地图的使用方法，以及自定义注解的方式，下面是本章的一些要点：CoreLocation类提供了精确定位的方法，可以通过委托获取精确的经纬度；添加注解需要一个实现MKAnnotation协议的类，然后通过MKMapView添加它的实例；自定义注解的方法是在MKMap-ViewDelegate的回调方法中，重新设置注解视图。

真机调试

要想在真机上调试程序，首先你必须有一个开发者账号，然后需要具备两样东西：一个是有效的签名证书，另外一个是与证书相对应的配置文件。

1.启动Launchpad应用程序->实用工具->钥匙串访问。

2.在左侧目录中选择登录->我的证书，在这里可以查看你自己创建的证书。

3.点击左上角的钥匙串访问->证书助理->从证书颁发机构请求证书。

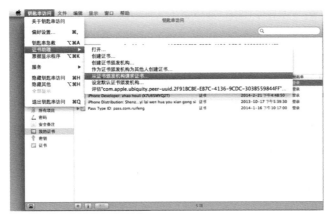

4. 在用户电子邮件地址填入您的邮箱，然后填写一个常用名称（密钥名称），选择存储到磁盘，点击继续。

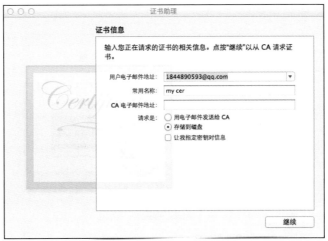

5. 选择证书的存储位置，点击存储。

6. 到此证书请求完成，并且在你的存储位置生成了一个CertificateSigningRequest.certSigningRequest文件，点击完成。

7. 接下来进入苹果开发者网站：https://developer.apple.com

8. 点击Log in。

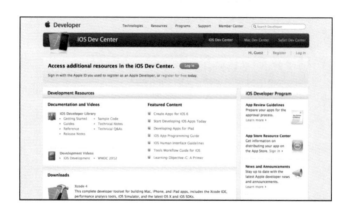

9.输入您的账号和密码，点击Sign In

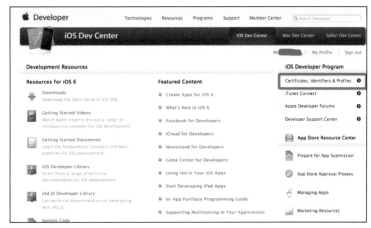

10. 点击之后进入下面的界面，然后点击下图红色区域选项后，进入证书管理界面。
选择iOS Dev Center。

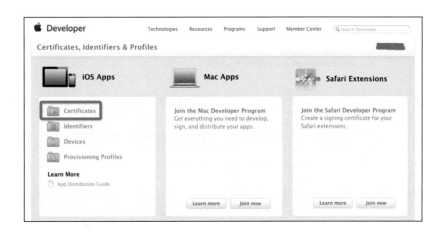

11.点击上图中右侧的"+"按钮，出现下图界面。

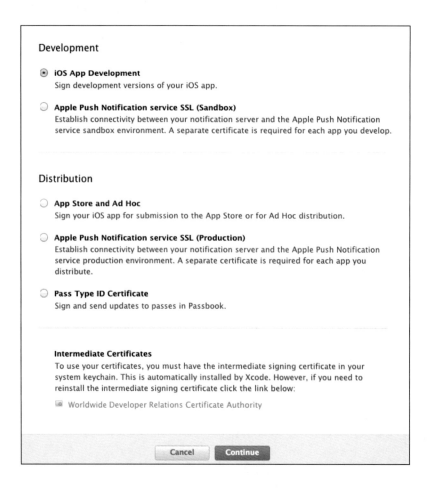

12.选择上图中的"iOS App Development",创建一个开发证书。我们可以点击底部蓝色字体的"Worldwide Developer Relations Certificate Authority"来下载一个中间证书,中间证书是进行有效证书签名的一个必要证书,一般电脑上已经有这个中间证书,下载后直接双击就可以自动导入到证书里面。然后我们点击Continue进入下面的界面,在这个界面会有一些说明提示,我们直接点击Continue,进入下一个界面。

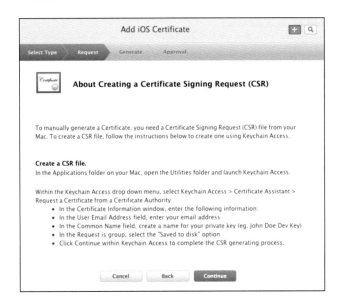

13. 点击"Choose File"按钮来选择一开始我们创建的证书请求文件CertificateSigningRequest.certSigningRequest。然后点击Generate按钮生成证书,进入下面的界面。

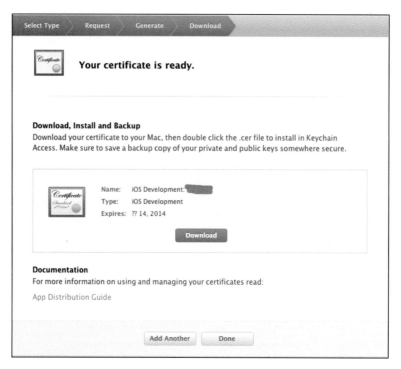

14. 点击上图中的Download按钮，会下载一个ios_development.cer文件，双击该文件，将会自动导入到证书里面。下图中红色框部分为导入的证书，该证书绑定了一个密钥，名字为my cer。

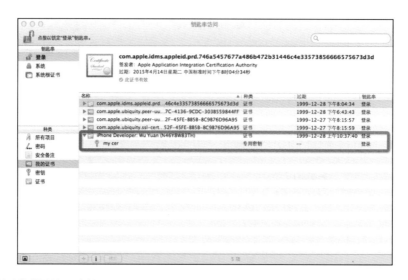

15. 回到开发者网站，选择Devices。

16. 点击右上角的"+"按钮，出现下图界面。

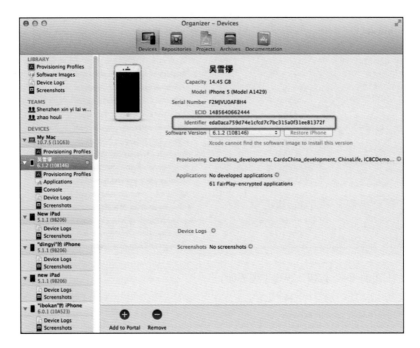

    17. 99美元的开发者账号只可以添加100台设备，即使把列表里的设备删除了，也不会真正地删除已添加过的设备数量。

    18. 点击下图中的"App IDs"，创建一个App标识符。

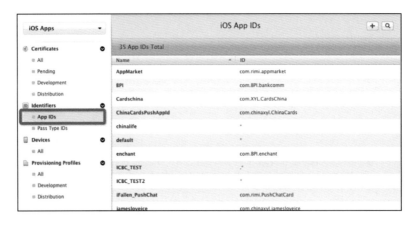

    19. 点击右上角的"+"按钮，出现下图所示界面。

ID **Registering an App ID**

The App ID string contains two parts separated by a period (.)—an App ID Prefix that is defined as your Team ID by default and an App ID Suffix that is defined as a Bundle ID search string. Each part of an App ID has different and important uses for your app. Learn More

App ID Description

Name: | myFristID |

You cannot use special characters such as @, &, *, ', "

App Services

Select the services you would like to enable in your app. You can edit your choices after this App ID has been registered.

Enable Services: ☐ **Data Protection**

Complete Protection
Protected Unless Open
Protected Until First User Authentication

☑ **Game Center**
☐ **iCloud**
☑ **In-App Purchase**

☐ **Passbook**
☐ Push Notifications

App ID Prefix

Value: [Q4STK73W8K (Team ID) ⇕]

App ID Suffix

○ **Explicit App ID**

If you plan to incorporate app services such as Game Center, In-App Purchase, Data Protection, and iCloud, or want a provisioning profile unique to a single app, you must register an explicit App ID for your app.

To create an explicit App ID, enter a unique string in the Bundle ID field. This string should match the Bundle ID of your app.

Bundle ID:

We recommend using a reverse-domain name style string (i.e., com.domainname.appname). It cannot contain an asterisk (*).

◉ **Wildcard App ID**

This allows you to use a single App ID to match multiple apps. To create a wildcard App ID, enter an asterisk (*) as the last digit in the Bundle ID field.

Bundle ID: | * |

Example: com.domainname.*

20. 在Name框输入名称，在App Services处可以选择一些可用服务，只有勾选了相应的服务之后才可以让你的应用程序支持相应的服务（如推送通知）。在AppIDPrefix的Value处任意选择一个值，用于添加到App ID的开头。在AppIDSuffix处选择Explicit AppID代表创建的这个ID只能用于唯一的应用。在这里我们选择WildcardAppID来创建一个可以适用于多个App的ID，我们在Bundle ID处输入一个"*"来匹配任意项目的Bundle identifier，即下图的Bundle identifier。在plist文件中的Bundle identifier与创建的AppID的Bundle ID必须完全匹配。

21. 然后我们点击Continue，进入下面的界面，最后点击Submit完成创建。

Confirm your App ID.

To complete the registration of this App ID, make sure your App ID information is correct, and click the submit button.

App ID Description: **myFristID**

Identifier: **Q4STK73W8K.***

Data Protection: ○ Disabled

Game Center: ○ Disabled

iCloud: ○ Disabled

In-App Purchase: ○ Disabled

Passbook: ○ Disabled

Push Notifications: ○ Disabled

Cancel   Back   **Submit**

22. 点击Provisioning Profiles，进入下图所示界面。

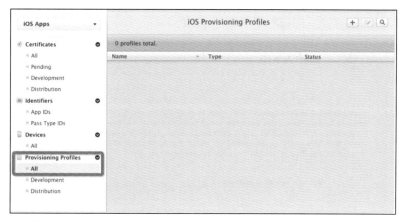

23. 点击右上角的 "+" 按钮，进入如下界面。

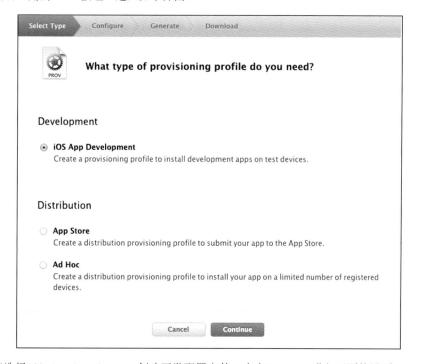

24. 我们选择iOS App Development创建开发配置文件，点击Continue进入下面的界面。

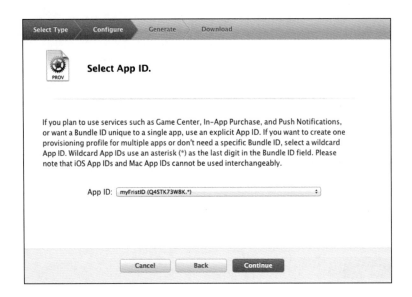

25. 在AppID处选择我们刚才创建的AppID，然后点击Continue，进入下面的界面。

26. 在这里选择我们创建的开发证书，点击Continue，进入选择设备的界面，把我们需要的设备选中。

27.然后点击Continue，进入下面的界面。

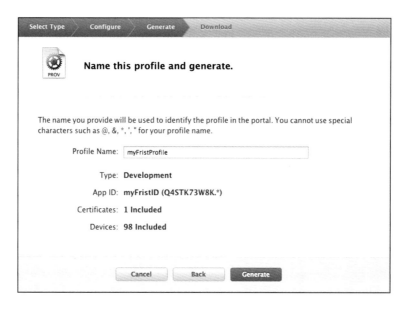

28.在这里输入一个Profile Name，然后点击Generate，生成配置文件。最后点击下图中的Download按钮下载这个配置文件，下载完后双击，即可自动导入到Xcode。

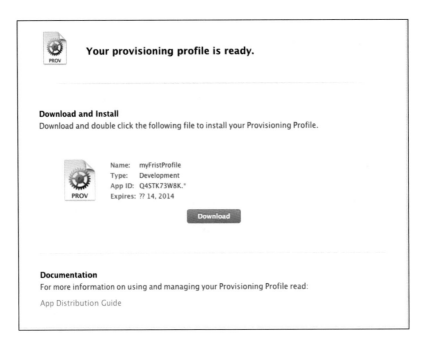

29. 如果Status为绿色勾，代表该配置文件可以正常使用。

30. 回到Xcode的工程中，选择TARGETS，找到Code Signing，然后依次选择刚才我们导入的配置文件。

31. 上面只配置了TARGETS的Code Signing，在PROJECT中也需要进行相同的配置。

32. 至此一切准备就绪，在Xcode左上角选择您的真机设备，点击Run，然后您的程序就能运行在真机上了。（注意当你的开发SDK版本低于真机的系统版本时，将无法匹配调试）

小结：

　　在本章中，我们学习了如何获取证书以及添加设备描述文件。虽然步骤有些麻烦，但是只要配置好了一次，以后就不用再重复配置了。需要注意的是，证书只能生成一个，一个描述文件可以使用在无限个应用程序中而不会发生冲突，你只需要将每个应用程序的唯一标识符改成不同的即可。如果有两个应用程序都使用相同的标识符，将会导致后一个应用覆盖掉前一个应用。

　　本章中所创建的只是开发证书，如果你想让你的ipa文件在别的设备上运行，就需要使用分发证书。分发证书的创建和使用过程与开发证书的创建和使用过程一样，然后使用分发配置文件即可。

访问设备能力（真机）

29.1 加速计

内置加速计的存在使得iPhone变得非常之酷，你可以根据加速计的感应来做一些有意思的功能行动，比如快速摇晃手机行为，这样可以让你的应用增加趣味性。加速计在游戏上的使用最为广泛，像一些模拟开车类的方向控制都是基于加速计开发的。iPhone自身也使用加速计来判断手持设备的方向，以旋转设备的屏幕。

29.1.1 加速计的物理特性

iPhone内置的加速计是个三轴加速计，可以感知来自三个方向的力，即三维空间中的运动和重力引力，下图为iPhone加速计的三轴结构图：

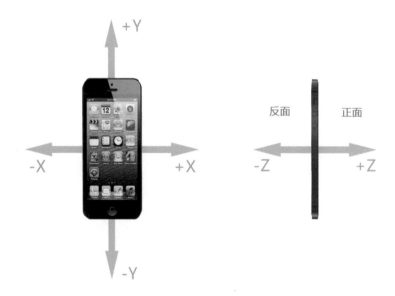

当iPhone处于静止状态时，加速计会返回1g的引力值，该值会被分布到三个不同的方向上，这取决于握持iPhone的方式。如果在某个方向上检测到超过1g的力值，那么可以判断这是突然运动。

29.1.2 访问加速计

UIAccelerometer类是一个单例类，我们可以通过[UIAccelerometer sharedAccelerometer]方法来获得加速计的引用。我们需要添加UIAccelerometerDelegate协议，并设置委托。设置完委托后实现委托方法accelerometer:didAccelerate，通过第二个参数返回的数据就可以得到加速计在每个方向上的信息。我们可以指定信息的更新时间频率，最高可以达到1/100秒一次。下面的实例代码通过计算X和Y轴加速度向量的反正切来返回正上方的偏移角，以便确定哪一个方向是"向上"的。

```
-(void)accelerometer:(UIAccelerometer*)accelerometerdidAccelerate:(UIAcceleration*)acceleration
{
    float xx = -[acceleration x];
    float yy = [acceleration y];
    float angle = atan2(yy, xx);
    [arrowImg setTransform:CGAffineTransformMakeRotation(angle)];
}
- (void) viewDidLoad
{
    UIImageView*arrowImg=[[UIImageViewalloc]initWithImage:[UIImageimageNamed:@"arrow.png"]];
    [arrowImg setCenter:CGPointMake(160.f,200.0f)];
    [self.view addSubview:arrowImg];
    [[UIAccelerometer sharedAccelerometer] setDelegate:self];
    [[UIAccelerometer sharedAccelerometer] setUpdateInterval:1/60];
}
```

29.2 控制屏幕的亮度

想要控制屏幕的亮度很简单，只需要一行代码即可：

```
[[UIScreen mainScreen] setBrightness:1.0];
```

我们只需要提供一个0到1的float值即可，通过该方式更改的是设备的屏幕亮度，是永久性的，当用户退出你的程序之后，屏幕依旧保持当前的亮度。

一般情况下，当用户一段时间内没有对屏幕进行触摸交互时，设备屏幕会变暗，最后进入休眠状态，这样做的好处是可以节省电量。但有时候你的应用程序可能不需要用户触摸交互，此时只需要加入下面这行代码即可禁用空闲计时器，避免系统睡眠：

```
[[UIApplication sharedApplication] setIdleTimerDisabled:YES];
```

当你不需要禁用空闲计时器的时候，尽量将值设为NO。

29.3 获取当前设备信息

每台设备都有它对应的相关信息，比如设备的唯一标识符、设备的名字、设备的系统版本号等等。想要获取设备的相关信息，可以通过[UIDevice currentDevice]方法来获取当前设备的引用。下面列举一些常用的设备信息访问代码方法：

name——是由用户定义的设备名字，如："My iPhone"。

model——当前的运行模型，如：@"iPhone"，@"iPod touch"。

localizedModel——当前使用的设备模型，它与model的区别在于如果你使用的是iPad，然后你运行的是iPhone版本的应用程序，这个属性会打印@"iPad"，model属性会打印@"iPhone"。

systemName——当前设备使用的系统名称，如@"iOS"。

systemVersion——当前设备使用的系统版本号，如@"6.1"。

uniqueIdentifier——当前设备的唯一标识符。这个属性在ios6之前可以正常使用，但是现在虽然你依旧可以使用这个属性来获得唯一标识符，但是你将面临无法通过AppStore审核的困境。

identifierForVendor——这个属性是iOS6中新加入的，目的就是为了取代上面所说的uniqueIdentifier。该属性也是唯一标识设备的，但是通过这个属性得到的值无法通过其他途径获得，只能通过程序代码获取，所以从用户隐私角度来看，它比uniqueIdentifier更具保密性。

29.4 监控电池状态

我们可以通过苹果提供的API进行电池状态的监控。电池的电量是一个float值，范围是从0到1。当你需要处理高耗电量的操作时，最好先通知用户将设备插入电源以保证程序的正常运行。

我们可以使用下面的方法来获得电池的电量：

[[UIDevice currentDevice] batteryLevel];

我们可以通过下面的方法来获得电池状态：

[[UIDevice currentDevice] batteryState];

电池状态共有4种：

UIDeviceBatteryStateUnknown

UIDeviceBatteryStateUnplugged // 电池正在放电

UIDeviceBatteryStateCharging // 电池充电中，电量少于100%

UIDeviceBatteryStateFull   // 电池充电已满，充电完成

我们可以通过监听来实时获得电池电量和电池状态的改变，我们需要将BatteryMonitoringEnabled值设为YES，然后添加2个监听通知：

[[NSNotificationCenter defaultCenter] addObserver:self selector:@selector(checkBattery:) name:UIDeviceBatteryStateDidChangeNotification object:nil];

[[NSNotificationCenter defaultCenter] addObserver : self selector : @selector(checkBattery:) name:UIDeviceBatteryLevelDidChangeNotification object:nil];

当然，我们也可以直接检查这些值，无需等待通知：

```
- (void)viewDidLoad
{
    [super viewDidLoad];

    thelable1=[[UILabel alloc]initWithFrame:CGRectMake(0, 0, 320, 240)];
    thelable1.textAlignment=NSTextAlignmentCenter;
    thelable1.textColor=[UIColor blackColor];
```

```
    [self.view addSubview:thelable1];
    thelable2=[[UILabel alloc]initWithFrame:CGRectMake(0, 240,320,240)];
    thelable2.textColor=[UIColor blackColor];
    thelable2.textAlignment=NSTextAlignmentCenter;
    [self.view addSubview:thelable2];
    [[UIDevice currentDevice] setBatteryMonitoringEnabled:YES];
    [[NSNotificationCenter defaultCenter] addObserver:self
    selector:@selector(checkBattery)
    name:UIDeviceBatteryStateDidChangeNotification object:nil];
    [[NSNotificationCenter defaultCenter] addObserver:self
    selector:@selector(checkBattery)
    name:UIDeviceBatteryLevelDidChangeNotification object:nil];
        .
    [NSTimer scheduledTimerWithTimeInterval:0.1f target:self
    selector:@selector(checkBattery) userInfo:nil repeats:YES];
}


- (void) checkBattery
{
NSArray *stateArray = [NSArray arrayWithObjects:
    @"UIDeviceBatteryStateUnknown",
    @"UIDeviceBatteryStateUnplugged",
    @"UIDeviceBatteryStateCharging", @"UIDeviceBatteryStateFull",
    nil];
    thelable1.text=[NSString stringWithFormat:@"%f",[[UIDevice
    currentDevice] batteryLevel] * 100];
    thelable2.text=[NSString stringWithFormat:@"%@",[stateArray
    objectAtIndex:[[UIDevice currentDevice] batteryState]]];
}
```

29.5 启用和禁用接近传感器

下面的代码演示了如何使用iPhone设备上的接近传感器,它位于听筒的左侧,我们需要将proximityMonitoringEnabled属性设为YES来启用接近传感器,然后添加一个监听通知,当有障碍物接近传感器时,屏幕会自动关闭,等障碍物远离时,屏幕重新打开。

```
- (void)viewDidLoad
{
    [super viewDidLoad];
    [UIDevice currentDevice].proximityMonitoringEnabled=YES;
    [[NSNotificationCenter defaultCenter] addObserver:self
selector:@selector(stateChange:) name:@"UIDeviceProximityStateDidChangeNotification"
```

```
    object:nil];
}
- (void) stateChange: (NSNotificationCenter *) notification
{
    NSLog(@"%@", [UIDevice currentDevice].proximityState ? @"障碍物
    接近" : @"障碍物远离");
}
```

29.6 检测设备晃动

跟触摸事件一样，当设备发现一个运动事件时，它会将该事件传递给当前的第一响应者，所有的视图和窗口都是响应者。对象通过becomeFirstResponder声明为第一响应者。视图消失后，它就放弃了第一响应者的职位。目前仅能检测到UIEventSubtypeMotionShake（摇晃）运动类型，只有当设备摇晃到一定力度时才会触发。

第一响应者会接受所有的触摸和运动事件。触摸事件我们前面已经介绍过，运动事件会触发如下三个方法：

motionBegan:withEvent:——运动事件开始。
motionEnded:withEvent:——运动事件结束。
motionCancelled:withEvent:——运动事件中止（电话的呼入）。

```
-(BOOL)canBecomeFirstResponder{
    return YES;
}
-(void)motionBegan:(UIEventSubtype)motion withEvent:(UIEvent *)event{
    NSLog(@"motionBegan");
}
-(void)motionEnded:(UIEventSubtype)motion withEvent:(UIEvent *)event{
    NSLog(@"motionEnded");
}
- (void)motionCancelled:(UIEventSubtype)motion withEvent:(UIEvent *)event{
    NSLog(@"motionCancelled");
}
```

小结：

通过本章的学习，我们知道了如何使用设备的一些硬件功能，虽然这些功能在日常开发中不经常使用到，但是我们还是有必要了解下这些功能的使用。使用这些功能必须要在真机上运行（除了获取设备基本信息之外）。除了使用苹果提供的开放API之外，我们也可以通过使用底层代码来访问一些其他的设备功能，但那样做很可能会被苹果拒绝。